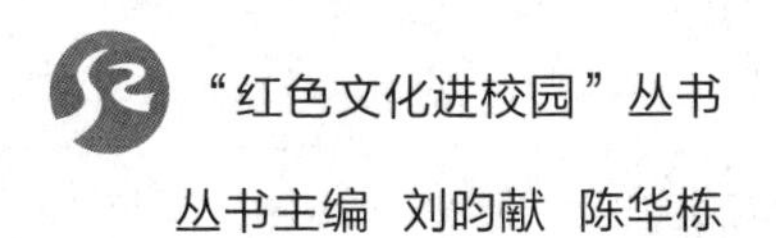

“红色文化进校园”丛书

丛书主编 刘昀献 陈华栋

中国那条红旗渠

常河山 原绿色 编著

上海交通大学出版社
SHANGHAI JIAO TONG UNIVERSITY PRESS

内容提要

本书面向广大青少年学生，是旨在推动红色文化走进校园的通俗读物和大思政课的一本生动教材。本书按照青少年学生的认知特点，从教育的视角，用史家的笔法，突出青春主体，唱响精神颂歌，系统地介绍了红旗渠工程的基本面貌、建设初心、感人故事、伟大精神和深远影响。本书重点突出青年一代在红旗渠建设中无坚不摧的突击队风采、主力军贡献和创造者智慧，旨在让新时代青少年记住这些新中国“最美奋斗者”，让红旗渠精神在中国式现代化的伟大征程上，激励每一位青少年以“重新安排林县河山”的豪迈气概，用青春的洪荒之力，建设新时代自己的奇迹“红旗渠”。

图书在版编目(CIP)数据

中国那条红旗渠/常河山，原绿色编著. —上海：上海交通大学出版社，2024.1(2024.7 重印)
("红色文化进校园"丛书)
ISBN 978-7-313-29383-1

Ⅰ.①中… Ⅱ.①常…②原… Ⅲ.①红旗渠—水利工程—青少年读物②思想政治教育—中国—青少年读物
Ⅳ.①TV67-092②D432.62

中国国家版本馆 CIP 数据核字(2023)第 169987 号

中国那条红旗渠
ZHONGGUO NATIAO HONGQIQU

编　著：常河山　原绿色
出版发行：上海交通大学出版社　地　址：上海市番禺路 951 号
邮政编码：200030　电　话：021-64071208
印　制：上海文洁包装科技有限公司　经　销：全国新华书店
开　本：710mm×1000mm　1/16　印　张：11.5
字　数：169 千字
版　次：2024 年 1 月第 1 版　印　次：2024 年 7 月第 2 次印刷
书　号：ISBN 978-7-313-29383-1　电子书号：ISBN 978-7-89424-424-6
定　价：48.00 元

序

“大思政课”的一本活教材

在世人的心目中，红旗渠早已和万里长城、京杭大运河、都江堰、三峡大坝、南水北调一样成为载入史册的伟大工程。事实上，红旗渠同其他举全国之力建设的“国家”工程相比，显得更加独特和传奇。

20 世纪 60 年代，在那段艰难时期，河南林县①人民为解决千百年来干旱缺水的困境，宁愿苦干不愿苦熬，30 万人先后挺进太行山，苦战十年，靠一锤一钎一双手凿出了全长 1 500 公里的人工天河——红旗渠。这不仅解决了当时 55 万人的吃水问题和 54 万亩农田的灌溉问题，而且孕育了“自力更生、艰苦创业、团结协作、无私奉献”的红旗渠精神。

红旗渠是红色基因传承的研学基地。2022 年 10 月 28 日，习近平总书记在红旗渠考察时说：“红旗渠就是纪念碑，记载了林县人不认命、不服输、敢于战天斗地的英雄气概。”②习近平总书记还指出：“要用红旗渠精神教育人民，特别是广大青少年，社会主义是拼出来、干出来、拿

① 1994 年 1 月 24 日，民政部同意撤销林县，设立林州市，由安阳市代管。
② 选自 2022 年 10 月 28 日，习近平总书记在河南安阳考察时的讲话。

命换来的，不仅过去如此，新时代也是如此，”[①]并强调“红旗渠很有教育意义，大家都应该来看看。”[②]红旗渠，这座屹立在巍巍太行山上的历史丰碑，让红旗渠精神代代传颂，与建党精神、延安精神、两弹一星精神等不同时期的精神一样，成为中国共产党人精神谱系的重要组成部分。红旗渠是个写满初心的地方，早已成为全国红色旅游经典景区、全国大中小学生研学实践教育基地。

红旗渠是青少年思想引领的生动教材。红旗渠纪念馆是20世纪90年代中央宣传部、共青团中央首批授予的“全国爱国主义教育示范基地”。红旗渠建设历经风雨曲折，其所积淀形成的红旗渠精神，既蕴含中华优秀传统文化，又蕴含革命文化和社会主义先进文化，是一种跨文化、跨地域、跨时空的人类精神成果。在红旗渠修建过程中，决策者和建设者身上所体现的理想主义、爱国主义、集体主义甚至浪漫主义思想情操，自强自立、劳动创造、廉洁奉公、不负人民的精神品格，吃苦耐劳、舍小忘我、团结互助、不怕牺牲的道德力量，以及敢于斗争、善于斗争、不畏艰难、战天斗地的英雄气概。无疑是新时代青少年健康成长不可或缺的精神之“钙”。

红旗渠是激扬青春力量的鲜活案例。习近平总书记在考察红旗渠时强调：“年轻一代要继承和发扬吃苦耐劳、自力更生、艰苦奋斗的精神，摒弃骄娇二气，像我们的父辈一样把青春热血镌刻在历史的丰碑上。”[③]红旗渠修建过程中，涌现出任羊成等一大批青年先锋和英雄模范，以及一位少年特等模范。他们勇于担当、善于作为、铁骨铮铮、冲锋在前、一心为公、无私奉献的精神，赢得时代的认可、人民的赞誉。在2019年中华人民共和国成立70周年之际，红旗渠建设者集体被党和国家授予“最美奋斗者”光荣称号。他们给当代青年树立了学习的榜样。

红旗渠是一座资源丰富的育人宝库。红旗渠及其背后的精神有待从理论和实践层面进一步挖掘、研究和阐释。比如，红旗渠工程在1978年全国科学大会上获得科技成果奖，于2013年获得“经典设计奖”。红旗渠建设过程中林县人民展现出的体系严密的组织、科学设计的智慧、独立自主的能力、

---

① 选自2022年10月28日，习近平总书记在河南安阳考察时的讲话。
② 同①。
③ 同①。

大国工匠的气度等，都是红旗渠精神的具体支撑和必备要素，也是当代青少年不可或缺的品质和营养。

习近平总书记谆谆告诫我们：“实现第二个百年奋斗目标也就是一两代人的事，我们正逢其时、不可辜负，要作出我们这一代的贡献。”[①]在新征程上，我们如何传承好、弘扬好红旗渠精神，让青少年学生（特别是大学生和中学生）在红色文化的感染与熏陶下健康成长，是学校和广大教育工作者面临的时代课题。我们不仅要把红色资源传承好、阐释好，而且要应用好、传播好，使其进校园、进课堂、进教材，培养德智体美劳全面发展的社会主义现代化建设所需要的合格建设者和接班人。要创新传播矩阵，使红色基因在广大青少年中内化于心、外化于行，变成自己的情感认同、理性认知、精神追求，变成自己的价值理念和自觉行动，让青春在为祖国、为民族、为人民、为人类的不懈奋斗中绽放绚丽之花。

本书两位编者的父辈皆为红旗渠的建设者，他们是有使命感的教育工作者，也是红旗渠水滋养下成长起来的红旗渠精神传人。在上海交通大学出版社的统一指导下，本书编者以严谨负责的态度审视他们熟悉的红旗渠及其修建历史，在查阅大量第一手资料基础上，以叙事学的方式方法，突出展示青春与奋斗的主题，加以现代科技传播的表达尝试，全景式描述了红旗渠和红旗渠精神的发展演变过程，增强了内容的可读性、普及性和新颖性，给广大青少年提供了一部了解红旗渠、学习红旗渠精神的优秀读物，也为红旗渠精神传承活动提供了宝贵的思想材料。

看红旗渠，补精神“钙”。无论大家有没有机会到红旗渠亲眼看一看，相信这部书都会给读者带来充满正能量的影响和帮助。希望读者，特别是青少年朋友喜欢这部书，读好这部书，希望两位编者的辛勤付出和劳动成果能在红旗渠精神研究、传播方面发挥出更好更大的作用，特别是在红色文化进校园方面结出丰硕成果，助力广大青年学生健康茁壮成长，在强国建设、民族复兴的新征程上书写出无愧于时代、无愧于党和人民的壮丽青春篇章。

刘明献

2023年5月

① 选自2022年10月28日，习近平总书记在河南安阳考察时的讲话。

目　录

第一章

人工天河

20 世纪 70 年代，周恩来总理自豪地对国际友人说，林县红旗渠是新中国奇迹，并不断安排外宾到红旗渠参观。红旗渠凭什么成为新中国奇迹?

有人说，红旗渠是林县人在不可能的时间不可能的地点修成的一条不可思议的，像都江堰一样造福苍生、泽被后世的，载入史册的大型水利工程。修建红旗渠无异于天方夜谭，近似于愚公移山。

不可能的时间，是红旗渠自 1960 年 2 月开工至 1969 年 7 月全部配套工程完成。1960 年，正是中国面临三年困难时期，鉴于当时严峻的粮食短缺问题和经济形势，中央不得不在当年 11 月号召全国的基本建设项目下马，实行“百日休整”。开工就遇“顶头风”，过程也“一波三折”，可以说，红旗渠生不逢时。

不可能的地点，是红旗渠处于蜿蜒起伏的太行山腹地，位于山西省平顺县和林县的崇山峻岭、悬崖峭壁之间。地理条件艰难，地质结构复杂，山高沟深，岩石坚硬，人迹罕至，十分不便。可以说，红旗渠建不合地。

不可思议之处，是无论从当时的科技还是经济、劳动能力方面来看，不可能修成的红旗渠却修成了。红旗渠的施工技术要求和难度超乎想象，而施工工具和方法却极端原始。总干渠 8 000 米的长度只能下降 1 米，要完全靠落差和地球引力让水自流。在壁立千仞的山腰进行渠线勘测和施工，几乎是一锤一钎一双手纯人力挖渠，逢山凿洞，遇沟架桥，确实不可思议。

但，只要理论上有哪怕万分之一的可能，林县人就能将可能变成现实。像蚂蚁啃骨头那样，林县人民凭着自强不息的勇气、艰苦奋斗的韧性、科学认真的创造、团结一心的奉献，硬生生在太行山上一点一点把渠线延伸了 1 500 公里，把桀骜不驯的漳河水“驯服上山”，造福人民。

著名美籍华人赵浩生说，红旗渠是一条水的长城；联合国工委原主席迪曼先生说，红旗渠是“世界第八大奇迹”；联合国水利考察组于 1978 年 4 月参观红旗渠后一致称赞说：“在世界上其他国家都不会看到这种艰巨的石工建筑。”

一、生命之渠:新中国奇迹

1970 年的中国地图上,太行山焦渴的色块上明显多了一条代表着河流的蓝色线条。那,就是被人们称为人工天河、“地球的蓝色飘带”的举世闻名的红旗渠。

为了这一条蓝色线条的诞生,英勇的林县人民以大无畏的革命精神向大自然宣战,用铁锤、钢钎等最原始的劳动工具战天斗地,逢山凿洞,遇沟架桥,顶酷暑,冒严寒,重新安排林县河山。从 1960 年 2 月元宵节上山开始,到 1969 年 7 月全线建成通水,30 万人民持续奋斗了 10 年,81 个修渠英雄献出了宝贵的生命,伤残者有的失明、有的断臂……轻伤不下火线,用生命和汗水在莽莽苍苍的太行山悬崖峭壁上踏平 1 250 座山头,钻透 211 个隧洞,架起 152 座渡槽,修成了 1 500 公里的红旗渠。有人做过计算,如果把修红旗渠所挖砌的 1 696.19 万立方米土石垒成宽 2 米、高 3 米的墙,可以将哈尔滨和广州连接起来。

红旗渠的建成,形成了引、蓄、灌、提相结合的水利网,结束了林县“十年九旱、水贵如油”的苦难历史,解决了当时 55 万林县人民的吃水问题,让 54 万亩旱地变为水浇地,成为丰产田。红旗渠从根本上改变了林县的生产生活条件,促进了当地经济和社会事业的发展,至今仍发挥着不可替代的重要作用,被称为“生命渠”“幸福渠”。

20 世纪 70 年代初,周恩来总理自豪地对国际友人说:“新中国有两个奇迹,一个是南京长江大桥,一个是林县红旗渠。”并称赞红旗渠是人工天河,希望外宾到红旗渠看看。同时,林县被国家确定为对外开放县,成为新中国的一个窗口,红旗渠也成为新中国一个颇具代表性的符号享誉世界。仅仅 1971 年至 1980 年十年时间,来林县参观红旗渠的外国人士就达 11 300 多人,涉及五大洲 119 个国家和地区,有党政领导人,有国际知名的科学家、企业家和社会人士……

1972年春末夏初时节，曾任职于联合国的迪曼先生在外交部有关人员的陪同下参观了红旗渠。他为林县人民在当时那样艰难困苦的条件下，凭自己的一双手，自力更生，艰苦创业，奋斗十年，在太行山腰修建成了这样宏伟的工程所震撼。在座谈会上，他感慨地说："我到过世界上许多国家，参观过许多闻名于世的伟大建筑。号称世界七大奇迹的古代建筑中，除金字塔外，其他六大奇迹已因地震、火灾和人为破坏等原因而毁坏。我认真参观过埃及的金字塔，那确实了不起，但它只是埋葬法老等人的陵墓，而红旗渠是造福人民的。所以说，参观了红旗渠，有必要更改历史的说法。世界上有七大奇迹不对，红旗渠应列为第八大奇迹。它不仅是技术上的成功和突破，而且是政治上的意志和战胜。"

1974年2月25日，赞比亚共和国总统卡翁达携夫人在李先念副总理的陪同下参观了红旗渠，他热情洋溢地说："感谢毛主席和周总理为我们安排了这样好的参观项目，我建议所有发展中国家，也就是第三世界，都来这里学习。"

1974年5月，受毛泽东主席的委托，副总理邓小平同志率领中国代表团出席恢复中国常任理事国地位的联合国第六届特别会议，并带上了由周恩来总理亲自审定的10部纪录片。在联合国放映的第一部就是《红旗渠》，一经放映，立即震动了世界。

1977年8月14日，塞拉利昂全国人民大会党青年团副主席桑科参观红旗渠后激动地说："要用林县人民修建红旗渠的精神去教育我们的青年。"

1978年9月，在全国科学大会上，红旗渠工程被评为科技成果奖。

2009年，红旗渠成功入选"大国印记：1949—2009中国60大地标"，排第五位。

2011年，红旗渠和长江三峡、黄河小浪底等水利枢纽工程并列成为全国"百年百项杰出土木工程"。

2013年，红旗渠因为治水修渠的设计智慧，被北京国际设计周组委会授予年度最高奖——"经典设计奖"。

2016年4月8日至9日，世界遗产保护专家组到林州市对红旗渠申报世界文化遗产进行考察论证工作。经过考察和论证，专家组一致认为，红旗渠符合申报世界文化遗产的条件。

2019 年 9 月 25 日,中华人民共和国成立 70 周年前夕,“红旗渠建设者”(集体)被党和国家授予“最美奋斗者”的光荣称号。

图 1　授予红旗渠建设者“最美奋斗者”称号(图片来自资料)

2022 年 10 月 28 日,习近平总书记来到红旗渠考察,语重心长地说:“红旗渠很有教育意义,大家都应该来看看。”①

二、科学之渠:渠系的科学设计和综合利用

红旗渠从山西省平顺县石城镇侯壁断下(红旗渠源)设坝引水,沿浊漳河右岸,经过平顺县和林县相邻的山村,并依陡峭的太行山山势蜿蜒行走几十公里,在林县露水河拐了一个弯,继续依太行山山势到分水岭,此为总干渠。总干渠在分水岭依照地势向全县三个不同的方向分为三条干渠,像伸出三条手臂延伸到林县腹地,环抱林县山川。干渠下向相应的方向修建支渠 51 条,支渠下又根据用水需要修建斗渠 290 条,最后用细小的农渠、毛渠

① 选自 2022 年 10 月 28 日,习近平总书记在河南安阳考察时的讲话。

把水送到田间地头。

红旗渠渠系建成后发挥的最大作用是保障全县工农业和生活用水，实现灌溉面积 54 万亩。

总干渠全长 70.6 公里，渠底纵坡 1/8 000（渠长 8 000 米，高度下降 1 米），渠底宽 8 米，渠墙高 4.3 米，建有隧洞 39 个，渡槽 16 个，防洪桥、路桥 114 座，泄洪闸、节制闸 19 座，涵洞 89 座。

图 2　林县水利建设示意图（周锐常供图）

一干渠 39.7 公里，渠底纵坡 1/4 000—5 000（渠长 4 000—5 000 米，高度下降 1 米），底宽 5—6 米，渠高 2.6—3.5 米，建有隧洞 2 个，渡槽 21 座，防洪桥、路桥 105 座，泄洪闸 5 座，涵洞 91 座。

二干渠 47.6 公里，渠底纵坡 1/1 000—3 000（渠长 1 000—3 000 米，高度下降 1 米），底宽 2.4—3.5 米，渠高 2.1—2.5 米，建有隧洞 22 个，渡槽 18 座，防洪桥、路桥 126 座，大小闸门 138 个。

三干渠 10.9 公里，渠底纵坡 1/1 000—3 000（渠长 1 000—3 000 米，高度下降 1 米），有各种建筑物 65 座。

算上支渠 524.2 公里和斗渠 697.3 公里，红旗渠合计总长 1 525.6 公里。

1969 年 7 月，红旗渠主体工程建设到位后，县委及时部署，充分发动群众，继续大力推进以红旗渠灌区配套为中心的水利基本建设，对灌区的山、水、田、林、路进行统一规划，科学布局，综合治理，强调以渠系配套建设为主，搞好“十带”，像“长藤结瓜”一样把 5 万多眼旱井、3 000 多个池塘、400 多座水库、40 多个水电站和 200 多座提灌站连成一体，构成一幅气势磅礴的以红旗渠为主体的水利、电力、农业、工业、交通运输综合发展的网络，使山区小县呈现蓬勃发展的美好图景。其中，“十带”包含以下几个方面。

图 3　红旗渠水库像“长藤结瓜”（魏德忠拍摄）

一是“以渠带库”。在红旗渠通过的地方，兴修“长藤结瓜”式的水库、池塘及旱井，加强蓄水能力。为了解决用水淡季红旗渠水乱排乱放白白浪费、用水旺季红旗渠水供不应求的问题，林县人民在原有48座水库的基础上，又在红旗渠沿线修建了346座水库，淡季就把渠水蓄在水库里，旺季就打开水库和红旗渠一起放水，实现了“一渠水顶两渠水”的功能。

二是“以渠带地”。针对山区地块大小不均，形状不规则，地面不平整，浇地困难且质量差，同时浪费水的问题，林县人民开展了农田配套建设，块块地做到渠成、地平，实现平地大方田，山区“大寨田”，保证浇水均匀，实现计划用水，节约用水，达到高产稳产。

三是“以渠带站”。位于渠线以上或渠线上有地的村队积极兴建提灌站，先后建了227座，可灌溉面积3.6万亩。

四是“以渠带井”。红旗渠通水后，有许多地方地下水位上升，通过打浅水井、深水井增加水源。

五是“以渠带电”。为了更好地发挥红旗渠渠水的效益和作用，林县人民充分利用渠线长、跌头多、落差大的特点，沿渠建电站，发电、灌溉两受益。除了县里建的分水岭水电站和红英汇流水电站等，沿渠社队自办了25个小型电站，全县修建45座，被誉为“红旗渠畔夜明珠”。

六是“以渠带路”。在修渠和农田平整的同时，统一安排，将挖出的土石，进行田间道路建设，做到渠成不见渣，田间道路畅通，方便耕作。

七是“以渠带岸”。结合修建田间毛渠和平整土地，对田间堤岸进行整修加固，保证田地稳固。

八是“以渠带林”。沿渠顺路栽植各种树木，发展田间护林带。

九是“以渠带线(电线)”。通讯线和电力输送线，一律与渠道、田间道路并列布置，尽量少走耕地。

十是“以渠带卫生”。渠水流经的村庄，安装自来水管，整修街道，保证用水方便、卫生。

为了防止红旗渠源出现供水短缺，林县人民把南谷洞、弓上等水库和红旗渠连通，作为红旗渠补源工程。同时，规划其他地方的水库建设方案，作为长远补源工程。

2013年9月26日开幕的“2013北京国际设计周”上，红旗渠荣获年度最高奖——“经典设计奖”。这个奖项，之前只有天安门观礼台和青藏铁路建设工程获得过。组委会给出的获奖理由是：

由于红旗渠设计依循中国自古以来的水利工程智慧，在太行山腰依山而建、就地取材，并创造性地采用矿渣加石膏粉混合为水泥，以开山炸石的石料筑成渠堤，建成人工天河，体现了中国式设计理念，同时也是一种十分环保的设计方式。这种设计给了当代设计很多启示，寓意着不一定要用豪华的材料，恰恰是依靠因地取材，因地制宜，从而带来更有价值的设计成果。(参见 2013 年 9 月 24 日《中国青年报》A7 版)

三、艺术之渠：美轮美奂的水利建筑

红旗渠是一项伟大的水利工程，那长长的渠线和一个个经典的建筑，体现了建设者的匠心和创意。空心坝坝中过渠水，坝上过河水；南谷洞渡槽槽下过河水，槽中过渠水；桃园渡桥桥下过河水，桥中过渠水，桥上过车辆和行人。红旗渠和英雄渠两渠相遇，形成“红英汇流”。渠源截流、分流、排沙等统筹设计，分水闸三条干渠次第分流，曙光洞因地制宜凿竖井建提水站，凿通青年洞过程中发明多种爆破技术……

红旗渠建筑所代表的不仅有适用的水利价值、创造性的建筑学理论、成熟的生态思维，还有重要的美学意义，共同构成了一幅精美的图画。

1. 红旗渠源引水枢纽

红旗渠源及渠首拦河坝位于山西省平顺县侯壁水电站下约 600 米处，由拦河溢流坝、引水隧洞、引水渠、进水闸、泄洪冲沙闸联合组成渠道引水枢纽，设计精妙，为无调节河道自流引水。

引水枢纽于 1960 年 2 月 10 日动工，同年 5 月 1 日竣工。

溢流坝横跨河床长 95 米，最大坝高 3.5 米，底宽 13.46 米，顶宽 2 米，为安全嵌入基岩下 0.3—0.4 米，水泥浆砌石英岩石重力坝结构。

渠源引水隧洞上口位于溢流坝以上 18 米处的浊漳河右岸，长 105 米，洞后经 55 米的明渠至进水闸。进水闸共 3 孔，单孔宽 2 米，设计流量 25 立方米/秒。

图4　红旗渠源(魏德忠拍摄)

冲沙闸在进水闸上游左侧,共2孔,单孔宽2米,该闸底低于进水闸底1米,闸上游为约1/20的陡坡导沙廊道,同时在进水闸前设立与渠道水流方向呈30度夹角的直墙导沙槛,防沙入渠,退水冲沙流入浊漳河。当河水流量小于25立方米/秒时,可将河水全部引入总干渠。发洪水时,除渠道引水外,其余分别由溢流坝和冲沙闸泄入坝下游。

2. 青年洞

青年洞位于任村卢家拐村西,是总干渠最长的隧洞,从地势险恶、石质坚硬的太行山腰穿过。原洞长616米,券砌洞脸后长度为623米,高5米,宽6.2米,纵坡为1/1 500,设计流水量23立方米/秒,挖砌石方19 800立方米。

1960年2月由横水公社320名青年先行施工。是年11月因自然灾害和国家经济困难,总干渠暂时停工后,改由各公社挑选的300名青年组成突击队,继续施工。当时干部民工口粮很少,为了填饱肚子,上山挖野菜,下漳河捞河草充饥,很多人得了浮肿病,仍坚持战斗在工地,以愚公移山之精神,终日挖山不止。

图5 青年洞(图片来自资料)

坚硬的石英岩一锤打下去一个白点,数十根钢钎打不成一个炮眼,青年们面对这样的艰难困境,创造了连环炮、瓦缸窑炮、三角炮、抬炮、立炮等新的爆破技术,使日进度由起初的0.3米提高到2米多。经过一年零五个月的奋战,1961年7月15日隧洞凿通。为表彰青年们艰苦奋斗的业绩,将此洞命名为“青年洞”。

3. 空心坝

空心坝位于总干渠任村白家庄村西露水河支流段——浊河上。坝长166米,底宽20.3米,顶宽7米,高6米,坝基埋深1—2米。坝体呈弓形,以增强对上游河水的抗压能力。坝腹设双孔涵洞,单孔宽3米,高4.5米,洞底纵坡1/1 818,总过水能力23立方米/秒。坝下设消力池,再往下为干砌大块片石护滩,坝南北两头各设有高4.4米的导水墙,使洪水聚向河中导入坝外,行洪能力为可通过洪水水量约1 500立方米/秒。

空心坝上边过河水,坝中过渠水,1960年2月动工,中间停工两次,分三个阶段施工,1964年4月5日竣工,共完成挖方5 624立方米,砌石方16 296立方米。

图6　空心坝(魏德忠拍摄)

4. 南谷洞渡槽

南谷洞渡槽位于南谷洞水库下游700米处,横跨露水河,长130米,宽11.42米,高11.4米,另加基础2—3米,单跨9米,石砌拱形结构,拱券厚0.5米,共10孔,故又称“十孔渡槽”。

渡槽挡水墙高4.3米,底宽6.2米,槽底纵坡1/3 600,设计过水流量23立方米/秒,桥下排泄露水河272平方公里流域面积的洪水。

南谷洞渡槽上边过渠水,下边过河水,1960年2月15日动工,1961年8月15日竣工,共挖石方5 264立方米,砌石方9 318立方米。

5. 总干渠分水闸

总干渠分水闸位于分水岭新(乡)河(口)公路右侧,一、二干渠分水闸设于总干渠终点,长6.5米,高12米,宽13.5米。闸底高程454.44米,低于渠首进水闸底10.31米。闸房内安装启闭力15吨的启闭机3台。一干渠为双孔,二干渠为单孔,孔宽均为2.5米,于1965年3月建成。

图7　南谷洞渡槽(魏德忠拍摄)

图8　总干渠分水闸(图片来自资料)

一干渠沿林虑山东侧向南至红英汇流，长 39.7 公里，设计流量 14 立方米/秒，灌溉面积 35.2 万亩。

二干渠沿林县盆地东北边山腰蜿蜒东去，到马店村东止，长 47.6 公里，设计流量 7.7 立方米/秒，灌溉面积 11.62 万亩。

三干渠分水闸位于一、二干渠分水闸上游 560 米处的总干渠左侧，向东北穿过 3 898 米的曙光洞到东卢寨村东止，长 10.9 公里，设计流量 3.3 立方米/秒，灌溉面积 4.6 万亩。

6. 桃园渡桥

桃园渡桥位于一干渠桃园村附近，因横跨桃园河而得名。桃园渡桥长 100 米，宽 6 米，最高处 24 米，共 7 孔，每孔跨 8 米，拱券厚 0.5 米，纵坡为 1/1 700，设计流量 6.8 立方米/秒。渡槽两侧槽墙高 2.7 米，底宽 2 米，顶宽

图 9　桃园渡桥(魏德忠拍摄)

1米；槽顶部为现浇钢筋混凝土桥板，路面宽4.6米，渡槽上连涵洞长100米，下接涵洞长170米，槽下排洪水，槽中通渠水，槽上钢筋混凝土盖板通汽车，合理地解决了渠水与洪水交叉和通水通车的矛盾，充分发挥了通水、通车的双重效益。上边过汽车，中间过渠水，下边过河水，一桥三用。后来，林州市为解决市区吃水问题，在桥侧又修了一条暗渠过自来水，成为一桥四用。

桃园渡桥于1965年9月25日动工，1966年4月1日竣工，工期186天，共挖土石方5 400立方米，砌石方5 600立方米。

7. 红英汇流

红英汇流位于合涧镇西，是红旗渠一干渠与英雄渠汇合的地方。英雄渠建于1958年，起自嘴上村西，流至红英汇流处，总长11.4公里，设计流量8立方米/秒。1966年4月一干渠竣工通水，红英汇流至油村，改称红英干渠，灌溉合涧、原康等7个乡镇16万亩耕地。

图10　红英汇流（原绿色拍摄）

8. 夺丰渡槽

夺丰渡槽位于河顺镇东皇墓村东北的二干渠上，总长413米，宽4米，最高14米，单孔跨5米，共50孔，中间越一小丘，分为上下两段：上段17孔，长172米；下段33孔，长241米。渡槽过水断面高1.8米，宽1.7米，纵坡1/900，设计流量2.7立方米/秒。

图11　夺丰渡槽（魏德忠拍摄）

渡槽于1965年12月1日动工，次年4月5日竣工，仅用125天，共挖土石方0.5万立方米，砌券石1.02万立方米。整个工程都用"寸三道"（一市寸宽锻三道纹，其中一市寸约3.33厘米）、"五面净"的大青石砌筑而成，既坚固又壮观，是一件宏伟的工艺品。

9. 曙光洞

曙光洞是三干渠穿过卢寨岭的隧洞，从下燕科村南到东卢寨村东，全长3898米，宽2米，高2米，纵坡1/1000，设计流量3.1立方米/秒，是通往东

图 12　曙光洞(图片来自资料)

岗乡和河顺镇北部的咽喉,也是红旗渠最长的隧洞。为便利施工,挖凿 34 个竖井,其中 20 米以上的竖井有 23 个,最深的 18 号竖井,深 61.7 米。利用竖井建提灌站 5 个,发展灌溉面积 4500 余亩,其中 18 号竖井建有曙光扬水站,提程 62 米,浇地 2000 余亩。

该工程于 1964 年 11 月 17 日动工,1966 年 4 月 5 日凿通,挖凿山石 3.08 万立方米,砌料石 0.9 万立方米。

10. 曙光渡槽

曙光渡槽位于东岗村东部 4 公里的丁冶岭上,是三干渠第三支渠的重要建筑物,也是红旗渠灌区配套建设中,群众自己设计、自己施工、自力更生修建的较大建筑物。该渡槽全长 550 米,最高 16 米,底宽 5.4 米,顶宽 3.5 米,共 20 孔,中间 3 孔,跨径 10 米,其余孔跨为 8.5 米,石拱结构。过水断面底宽 1.1 米,高 1 米,设计流量 1 立方米/秒。该工程于 1969 年 4 月 2 日动工,6 月 25 日建成,挖土石方 0.69 万立方米,砌石方 1.7 万立方米。

图 13 曙光渡槽(魏德忠拍摄)

四、智慧之渠:是愚公,也是智叟

2007 年 5 月 1 日,中央电视台《百家讲坛》栏目策划解如光在《红旗渠的故事》首播式上做了一次震撼人心的即席演讲。他说,通过实地了解,他被红旗渠打动了,觉得这是一个不可思议的工程,无论从当时的科技还是从经济、劳动能力方面来看,红旗渠都是不可能修成的,但是,红旗渠就像渠上的石头一样,牢牢地摆在那儿。

修建红旗渠时,没有路、没有电,基本没有先进的机械化设备(修青年洞时仅借到过一台风钻机),主要靠人力和最原始的劳动工具:十字镐、镢头、铁锹、磅锤、小榔锤、钢钎、凿子、撬棍、铁钻、抬筐、抬杠、铁绳、小推车、木桶、铺浆工具等。就连最需要精密仪器的渠线“找平”,全县也只有两台“水平仪”。1965 年,胶轮马车、胶轮小平车、胶轮小推车等刚达到普及。20 世纪 60 年代后期,才逐渐有了一些现代化机械。所以,当时工地上的“土技术员”

图 14　用原始劳动工具修渠（魏德忠拍摄）

路银有时就带领修渠民工用小木板凳的四条腿扯上两根线制造的简易“水平仪”放在水盆里“找平”等土办法解决短距离测量问题。

建渠的材料主要是就地取材的太行山石头、石灰和沙子等，只在特殊地方用到少量稀缺的水泥和钢筋。

修渠就是在太行山的崇山峻岭间，依山就势修筑渠道，让水完全靠自然坡度落差流过来。首先根据水流需要确定渠线，修筑渠基，该挖山就挖山，该架桥就架桥，该钻洞就钻洞，然后用石头、石灰、沙子铺平渠底，垒好渠墙。有的地方渠岸就是劈开的太行山石壁。

图 15　人工挑抬运输(图片来自资料)

修渠需要挖土石方,需要人工采砂,需要人工挑抬运输,需要把不规则的石头开凿成垒渠用的规则石料,需要烧石灰,需要钻洞、架桥、垒渠,等等,这些大都是高强度的体力劳动,在当时最高效的是用自制的火药放炮崩山。

图 16　人工采砂(图片来自资料)

在揭开红旗渠修建之谜前，需要认真思考一个问题：林县人民是用什么方法创造了这个奇迹？

《红旗渠志》“施工技术要求”一章，介绍了非常具体、细致、详尽的工程标准和施工细则，包括渠道的坡度、断面形状、高度、宽度，料石、块石、片石、拱石的尺寸，石灰砂浆的配比，清理基础注意事项，爆破挖洞的尺寸、方法和炸药的用量，施工定额和工具配备，安全保障程序……还有每一个环节的质量管理安排、操作规程，并精确到一个个带小数点的数字。对修渠的技术要求和管理，让人叹为观止。

林县人民在施工实践中，不断找窍门，改进施工方法，因地制宜发挥创造力。他们自制了木头、绳子、人力组合的“土吊车”，因陋就简铺设了简易运输轨道，改进架设渡槽的技术等。仅 1960 年 2 月至 7 月底，架设空运线 198 条，总长度 15 848 米；铺设铁罐车道 57 条，总长 777 米；铺设木轨罐车道

图 17　铺设空中运输线（图片来自资料）

图 18　架设涵洞(哈里森·福尔曼拍摄)

图 19　土制火车(魏德忠拍摄)

图 20　砌渠墙(魏德忠拍摄)

532 条,总长 8764 米;制造罐车 1025 个,自动流土器 32 个,滑筐 4460 个,游杆土吊车 2633 个。

林县人民是愚公,他们也是智叟。

在《红旗渠志》勘测设计人员的名单上,可以看到河南省水利厅 27 名高端技术人才(有的毕业于清华大学),地级水利局 15 名工程师、技术员,还有林县水利局 20 名技术员和干部,总计 62 名专业人士把关红旗渠的修建,让林县人民修渠如虎添翼。从 1963 年起,他们到施工现场,和民工同吃、同住、同商量,克服了无数困难,首创多种水利建设的技术,共同打造了伟大的工程。

在那样的时代,任何一个环节出现问题,红旗渠的建设都可能半途而废,让伟大的理想变成空想!

时任林县县委书记的杨贵和县委最担心的就是渠修成了,水流不过来。但最终理想变成了现实,红旗渠"长藤结瓜"整体设计的科技含量和工程的创新品质,注重与自然生态和谐的长远布局,以及在建筑、水利、生态、艺术、美学等多领域的意义,是红旗渠精神的胜利,更是科学和智慧的胜利!

五、生态之渠:修渠废渣变良田

1964年11月17日,红旗渠三干渠曙光洞正式开工挖凿,从两头往中间打,每天大量挖运的石渣,渐渐掩埋了附近的山田坡地。

红旗渠指挥部总指挥长马有金来到曙光洞施工工地,看着一天天被石渣掩埋的山田,心里感到十分焦急与惋惜。他是土生土长农民出身的副县长,知道土地是农民的命根子,农民没了土地,就等于没了饭吃。修渠是为了浇地,没有地还修渠干什么?几天来,马有金为这事寝食难安,多次跑到被覆盖的山田坡地进行查看,有时能呆呆地看着石渣堆愣上半天。

"覆盖的田地太可惜了!"他心里默默地念叨着。望着远处一块块绿油油的麦田,他的心里更不是滋味。无意间他发现,对面山坡上有一块梯田田岸垒得特高,地块特大,和别的梯田比起来显得格外醒目,田地里的麦苗葱葱绿绿,和其他平地麦田没有两样。看着这块大型梯田,指挥长豁然开朗:如果在眼前的渣堆下面用大石块垒砌上来,设一道石岸,这样石渣就不会继续往下漫流。石岸一直上升,等岸升到一定高度,把石渣再平整一下,不正好成为一片石渣"广场"吗?这样既解决了出渣难的问题,又为以后垫地打下了良好的基础。

有了这个设想,马有金环视四周,开始考虑土源问题。他对附近的山坡进行了考察,发现附近有很多土坡土岸,以及山坡上的表皮土层。等渠修成后这些通通可以派上用场,利用这些闲土,垫上六七十厘米,不就多了块平整的良田吗?

马有金马上把指挥部石玉杰、东岗公社分指挥长付生宪找来,一起来到曙光洞出渣现场,指着石渣及远处的梯田把他的想法一一道来。他还提议,等曙光洞凿通通水后,利用竖井再建立多个提灌站,如此曙光洞周围的梯田也就可以成为旱涝保丰收的山坡良田。

石玉杰、付生宪越听越兴奋,竟然手舞足蹈地提出好多垫地的宝贵建议。

他们统一了思想后,就立即召开曙光洞各施工段工段长会议,专门研究设岸护田的问题。每个工段都要抽出专人进行渣土处理，并在施工中统筹考虑，密切配合，保证施工安全。

马有金除了每天到曙光洞和民工们一起钻洞、出渣外，还特地抽出时间，来到每个出渣场地进行指导。他对石渣“广场”的垒砌基础十分重视，常叮嘱民工们：“石渣场地设岸，基础是个关键，这和我们修渠一样，基础搞好了，以后设岸就没有后顾之忧。基础要挖到山坡石底，基底石头要挑个儿最大的，越大越好。设岸也要坚固厚实，层与层要咬好，基础大石和山坡石底要连成一块，这也和修渠一样，是百年大计、千年大计。工程搞好了，我们大家都光荣，为卢寨村百姓办了一件好事。如若因质量问题工程搞砸了，以后垫成的田地石岸坍塌，我们就是卢寨村的罪人。很明显的道理，希望大家都负起责任来，一起把设岸工程搞好。”

图21　锻石料（哈里森·福尔曼拍摄）

经过1年零7个月的奋战，民工们战胜了重重困难，如期竣工。在隧洞打成之日，曙光洞沿线的山坡上多处垫起大面积平平整整的场地。来年卢寨等村的村民冬闲变冬忙，又拿出修渠的精神，掀起了运土垫地的新高潮。经过一冬一春的努力奋战，隧洞沿线出现了一块一块平整的梯田，成为旱涝保丰收的山田坡地。

石渣广场垫成后，历经几十个春秋，仍然坚固如初，无一处坍塌。

六、幸福之渠：红旗渠畔展新图

“劈开太行山，漳河穿山来。”红旗渠滔滔不绝的流水，改变了林县“十年九旱，水贵如油”的苦寒面貌，带来了显著的经济效益和社会效益，使古老的山区林县发生了根本性的变化，向世界展现出社会主义新农村的一幅幸福图景。

林县人民多少代梦寐以求的人畜吃水困难基本得到了解决。红旗渠通水后，全县有 14 个公社 410 个大队受益，67 万口人和 3.7 万头家畜吃水有

图 22　林县人吃水困难得到解决(图片来自资料)

了可靠保障。由于红旗渠水的浇灌，补充了地下水源，很多村庄打机井打出了水，大部分村安上了水管，吃上了自来水。林县人再不用为吃水发愁，也再不用跑到几公里或十几公里以外去取水。

红旗渠通水时，全县父老乡亲载歌载舞，奔走相告，高兴地合不拢嘴，许多人激动地流下了热泪，望着清清的渠水，想到今后吃水、洗衣服的方便，感动地说："红旗渠，宽又长，弯弯曲曲绕太行，如今吃水多方便，感谢救星共产党。"

有了水，夯实了粮食增产的基础，农业生产呈现出一派新景象。红旗渠的运行，使54万亩耕地得到灌溉，农业生产条件发生了根本的变化，粮食产量逐年提高。1975年至1981年，灌区年均粮食亩产206.1公斤。亩产、总产翻了一番。农民手里有了较多数量的储备粮，人们的粮食构成和生活方式都发生了明显的变化，"糠菜半年粮"的时代一去不复返了。

有了水，绿化栽树就有了条件，林业生产得到大发展。全县15个公社500多个大队，特别是红旗渠通过的社队，都纷纷兴办林场，成立林业专业队，统一规划，实行山、水、田、林、路统一治理，坚持生态林、用材林和经济林并重，全面发展林业生产，建起了一批果园，种植了各种果树。林业生产的兴旺，使山区呈现出一派山清水秀的景色，过去的秃山，披上了绿装；过去的荒滩，变成了果园；过去的羊肠小道，变成了林荫道。松柏盖顶得以呈现，花椒树果木树缠腰，各种用材林和经济林栽遍沟凹，春华秋实，林茂粮丰。到1992年全县绿化面积达101万亩，其中营造经济林50万亩，森林覆盖率由10%发展到25%，活立木蓄积量达116.8万立方米，各类果品年产量3 000万公斤。花椒、板栗、山楂、苹果、核桃等主要土特产，畅销国内外。

有了水，畜牧业和养殖业得到了蓬勃发展。除牛、驴、骡、马、羊、猪等传统家畜的饲养外，还发展了兔、貂等动物的饲养及渔业，鱼慢慢上了林县百姓的餐桌。

有了水，企业发展拥有了活力。水是农业的命脉，也是工业的命脉。20世纪70年代，县委重点抓了小煤炭、小化肥、小水泥、小水电、小机械"五小"工业。特别是红旗渠增加了水力资源，灌区内县办、社办、队办小型水力发电站，如雨后春笋般迅速发展起来，成为工业发展的"先行官"。1979年，县办工业发展到19个，从业人员达3 000多人。有了红旗渠，不用跑远路担

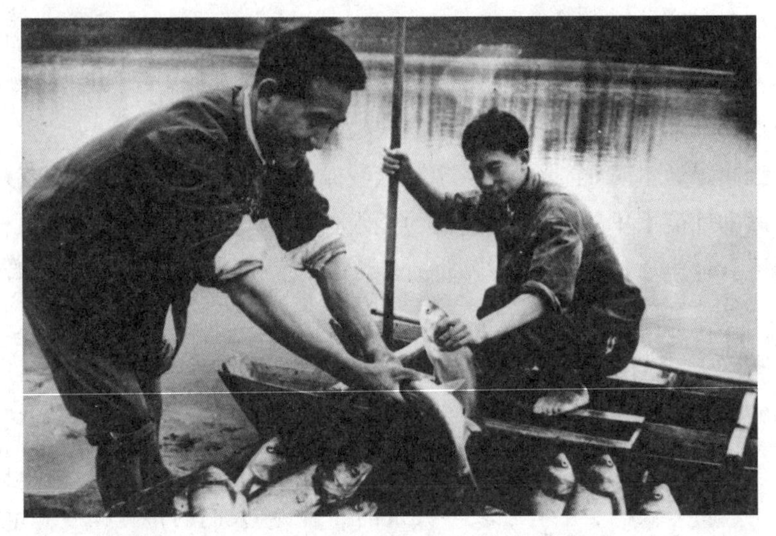

图 23　林县养殖业得到了发展(图片来自资料)

图 24　修建水电站(图片来自资料)

水,解放了生产力,人们可以放心地搞经济。各社队利用红旗渠水,兴办了造纸业、农副产品加工业等。1978 年,社队企业发展到 1 395 个,年产值完成 8 215 万元,实现利润 2 503 万元。20 世纪 80 年代后,县办工业、乡镇企业出现了迅猛发展的势头,红旗渠更成为各类企业的重要水源,每年向工业供水

4 500 万立方米，占年引水量的 20%。

有了红旗渠，交通邮电事业得以发展。在修建红旗渠的过程中，各社队利用挖渠沟的弃渣，修筑田间道路，按统一规划和电话线、照明线统一布置，为农业机械的发展奠定了基础。至 1992 年，全县已达到村村通汽车，村村通电话。

林县人民通过修建红旗渠，增长了胆略和才智，培养了建筑人才，使其成为林县一大优势。1963 年开始，县里成立了劳力管理组织，各社队组织了外出建筑队，有组织、有领导地外出搞建筑业，不仅增加了集体收益，同时为红旗渠建设投入了一定的资金。1969 年，外出建筑人员为 1.5 万人，年收入 2.63 万元，到 1992 年，仅建筑业收入达 3 亿元。

有了红旗渠，卫生条件得到了改善，广大群众进一步养成了讲卫生的习惯，各种传染病、地方病大为减少，有些病实现了基本控制。

有了红旗渠，一切都活了，经济得到发展，文化教育事业也随之兴旺。县、社、队都办了小学、初中、高中，儿童入学率较前大增。每年升入初中、高中、大学的学生数量逐步增加。输送回农村的各类学校毕业生成倍增长，农村科学知识不断普及，推动了生产力的发展。

红旗渠的建设，不仅解决了林县长期缺水问题，而且为其长远发展打下了坚实基础，红旗渠水浇开了林县人民越来越鲜艳的幸福之花，至今仍是龙湖、林河等水景的重要水源。修渠形成的红旗渠精神铺就了林县人民通往幸福生活的康庄大道，让林县人民伴随着中国发展的步伐奏出了时代的最强音。

中华人民共和国成立初期经历了艰难的 20 世纪 60 年代，林县人民抱着改变生活的理想和信念，雄赳赳地走上太行山，在征服大自然的过程中升华自己，修建了红旗渠，谱写了十万大军“战太行”的壮丽诗篇，改变了林县的基本面貌，实现了五谷丰登。

1978 年党的十一届三中全会召开后，经过修渠淬炼的林县人，抱着改变命运的梦想和信心，意气风发地走出大山，“一把瓦刀闯天下”，走向全国乃至世界各地搞建筑，修建了亚运村、国家大剧院、鸟巢等著名建筑，奏响了十万大军“出太行”的浪漫交响曲，改变了林县人的基本面貌，实现了时任河南省委书记李长春总结的“五子登科”——“饱了肚子，挣了票子，换了脑子，有了点子，走出了路子”。

在改革开放的大潮中，见过了世面的林州人（林县于1994年撤县设市），抱着振兴家乡的目标和志气，回归家乡建企业，钢铁、汽配、建材、医药化工，甚至电子等高科技企业，在林州雨后春笋般发展起来，唱出了一首首“富太行”的美好乐章，实现了从农业向工业的转型升级。

在快步发展的中国特色社会主义新时代，继往开来的林州人，合着时代的节拍，怀着民族复兴和幸福生活的宏图和愿景，高扬“难而不惧，富而不惑，自强不已，奋斗不息”的红旗渠文化，以更大的气魄渐次展开“美太行”的巨幅画卷，向着又一个“太行之变”加速前进。

经过红旗渠的长期滋润和红旗渠精神的不断洗礼，林州——这个太行山腹地的山城——已经成为最美中国人文（生态）旅游目的地城市、全国首批生态文明典范城市、中国低碳生态示范市、国家全域旅游示范区、国家园林城市、中国建筑之乡、全国绿化模范市、全国卫生城市、全国文化模范市、全国科技工作先进市、国家知识产权试点市、第六届全国文明城市等，是全国最大的汽车配件生产基地、国家星火技术密集区、国家可持续发展实验区和国际生态休闲示范城市、河南省综合改革试点县（市）、中国综合实力百强县级市，蜕变为一个美丽、富饶、宜居的现代化都市！

目前，红旗渠·太行大峡谷已成为国家5A级风景区。在积极申报世界文化遗产的过程中，红旗渠日益成为中国人民，乃至世界人民，特别是青少年接受精神洗礼的研学圣地！

第二章

初心花开

很多人问,为什么林县人要修红旗渠?

林县缺水啊!

虽然林县历史上也曾是青山绿水,风光旖旎,可经过千百年的战火以及过度开发,自元、明两代以来,缺水已然成为严酷的事实,林县人自此开始了和水的抗争,有过大大小小的水利建设。

但是,为什么到中华人民共和国成立以后才修建红旗渠?

因为只有共产党人才会把为人民谋幸福的初心和使命牢牢扛在肩上,才会把彻底解决林县缺水问题摆在坚定不移的位置。

只有完成社会主义改造,只有在党的坚强领导下,只有拥有"集中力量办大事"的集体力量,才敢修红旗渠,才能修成红旗渠!

在建设红旗渠之前,林县就进行了"山水田林路综合治理,农林牧副渔全面发展",当时已成为全国山区建设的模范。1957 年,林县又拉开了轰轰烈烈的"全党动员,全民动手,苦战五年,重新安排林县河山"的水利工程建设,开展了"一千个庵子沟运动",修建英雄渠,开建南谷洞、弓上等大型水库,形成了南、北、中三个水利体系。只是,1959 年的一场大旱,让大家意识到所有的努力并没有解决根本问题,才再一次把目光投向林县境外,重新提出"引漳入林"。

红旗渠是一个写满初心的地方!

美好的蓝图让林县人民有幸福的憧憬,形成"宁愿苦干,不愿苦熬"的共识。党员干部始终站在修渠的前列和一线,"民工定期轮换,干部不离岗",给群众树立了标杆和榜样。修渠开始出现了问题,遇到了困难,就及时召开"盘阳会议"予以调整和解决,让修渠人不断看到希望。三年困难时期,没有阻挡林县人民修渠的脚步;外部环境的动荡,更没有影响林县人民完善红旗渠水利体系的决心。

"劈开太行山,漳河穿山来。"当滔滔的漳河水顺着红旗渠汩汩不断地流进林县 54 万亩干涸的土地,把昔日水贵如油的山区变成美丽富饶的"江南"时,修渠人从心底里喊出:感谢共产党带领我们修成红旗渠!

一、水，曾是压在林县人身上的一座大山

林县，位于河南省西北部太行山东麓，历史上曾经是“山林丰茂，古木参天”的“北雄风光最胜处”，是赵武灵王和北齐高欢的避暑之地，也是三国曹丕和历代文人雅士写诗赞叹的“天下绝胜之境”。但随着连年烽火和过度开发，林县水土流失严重，加上地下断层、裂缝和溶洞导致的地表水漏失，自元、明两代以来，就青山失色，绿水难觅，“十年九旱，水贵如油”“涝则歉收，旱则为灾”。

因其特殊的地质地貌，山高沟深，地下存不住水，水土流失严重，气候又复杂，降水量极不均匀，有民谣曰：“天旱把雨盼，雨大冲一片，卷走黄沙土，留下石头蛋。”

因其“靠天吃饭”，农业生产条件恶劣，当时粮食产量微薄，麦子每亩仅有 30 公斤左右，秋粮也不过 50 公斤左右，有民谣曰：“咱林县，真可怜，光秃山坡旱河滩；雨大冲得粮不收，雨少旱得籽不见；一年四季忙到头，吃了上顿没下顿。”

据记载，从明正统元年（1436 年）到 1949 年中华人民共和国成立，林县曾发生自然灾害 100 多次，大旱绝收达 30 多次。有时连年大旱，河干井涸，颗粒无收，十室九空。

缺水！为了生存，林县人不得不翻山越岭，远道取水。据中华人民共和国成立初的数据统计，全县 550 个行政村，307 个村人畜吃水困难，其中跑 2.5 公里以外取水吃的有 181 个村，跑 5 公里以外取水吃的有 94 个村，跑 5—10 公里取水吃的有 30 个村，跑 10—20 公里取水吃的有 2 个村。

红旗渠纪念馆里放着一个被取水绳磨出条条深沟的大井盖，一条条磨痕直观地诉说着林县人吃水的艰难。

清光绪三年（1877 年）大旱，林县采桑镇土门村地主王道召把村上的农

民找来,要大家在他家地里打水井,打出水大家一起吃。可是水井打好后,他却镶上一个扁井口,加盖落锁,声言谁担水谁出钱,一担水 200 文,逼得平民怨声载道,毫无办法。

中华民国时期(1912—1949),林县任村镇桑耳庄村的村民要跑到十几里远的黄崖泉去担水吃。

1920 年大年三十,林县年过六旬的桑林茂老汉起了个大早就出发了。由于天旱,附近的村庄都断了水,村民都集中到了一起取水,但泉水变成一炷香大小,人多水小,需要排队。天黑了,桑林茂老汉才取到水回到村里。那年冬天刚刚娶过门的儿媳妇在村口等公公,当她接过公公的担子往家走时,突然被一块凸起的石头绊了一下,新媳妇摔了一跤,把一担水摔了个精光……

公公没说什么,婆婆没说什么,丈夫也没有埋怨一句,只是本该欢声笑语的除夕夜变得静悄悄的。当婆婆张罗着从邻居家借来水煮好饺子时,大家才发现新媳妇不见了。找来找去,在新房的梁上摸到了一具还留着体温的尸体。

一担水换走了一个正在绽放的生命。

也许,她的死显得脆弱了点,但一担水居然压垮了一个人对生命的热爱,彻底摧毁了她活下去的勇气和信心!

第二天,正月初一,草草掩埋了新媳妇,桑林茂老汉一家踏上了"逃水荒"的路。

因为水,许多林县人含泪背井离乡,流落他乡。山西省长治市南部有一个村庄,因其是林县人逃荒过去而成立的,为此取名"林移村"。山西省晋东南、吕梁、太原等许多地方都有类似的"林县村"……

因为视水如命,盼水想水心切,许多村以水冠名,例如张家井、李家池、洪河、柳泉、砚花水等。连给孩子起名也都带上一个水字,如男孩叫水旺、水生、来水、买江、锁江等;女孩叫水英、水莲、水娥等。

因为缺水,林县几乎村村兴建龙王庙,户户能闻祈雨声。一座井旁数通碑,一座池边几个亭,为挖井人歌功,为建池人颂德。

水,曾是另一座"太行山",几百年来压弯了林县人的脊梁。

二、重新安排林县河山

1954 年 5 月，杨贵被任命为林县县委书记。这一年，他 26 岁，但他 15 岁加入中国共产党，17 岁当乡级区长，已经是一个有着丰富革命工作经验的成熟的领导干部了。

杨贵上任后召开的第一次县委扩大会议的中心议题是：深入开展调查研究，切实转变工作作风。会后，由县委主要领导带队，组成了几个调查组，分南、北、西三路，对平地、浅山区、深山区的地理环境、生活方式、种植结构、收支分配、医疗卫生、道路交通等方方面面进行调查，找准存在的问题，提出发展对策。

为期三个月的实地走访，杨贵走遍了姚村、任村、东岗等公社的许多村庄，登上了林县最高的山峰——四方垴，走进了山谷中的石板岩，看到了人民的真实生活，听到了人民内心的声音，了解了林县的风土人情……

他发现，林县这片革命老区虽然干旱、贫穷、落后，但林县人身上有一种可贵的生命张力，不服输、肯吃苦、敢奋斗。在战争年代这股张力表现为血性和勇气，在和平年代这股张力表现为坚韧和志气。正如后来《推车歌》里唱道："山里人生性犟，后边来的要往前边放。""只要有一碗糊涂面条，比那吃肉喝酒的气势还要壮。"说的就是林县人的精气神。

他与县委一班人认真梳理和分析，总结出：林县的问题虽多，但主要是水的问题，只要解决了缺水的问题，其他问题就有可能迎刃而解。

他结合《林县志》了解到，在林县历史上修渠引水已经 800 多年了。元朝时引天平山的水修了天平渠；明朝时引黄华山的水修了黄华渠，县令谢思聪引洪谷山的水修了谢公渠……

抗日战争时期，八路军修建了爱民渠，县委修了抗日渠和荷花渠……

中华人民共和国成立后，林县人民开始了以打旱井、修渠道、挖池塘、引山泉为中心的水利兴修工作，爱国渠、新民渠、建民渠等乡村渠陆续建成并改善了区域面貌。

1951 年，林县县委提出在任村"引漳入林"的修渠设想，并进行了前期测量和准备，当时中央没有批准实施。

1952年，林县县委书记王大海和任村区委书记宋玉山、李运保同桑耳庄村省农业特等劳模成百福一起，带领群众修成了全长3.5公里的瓦管渠，引附近山泉水入村，还安装了6个自来水龙头，让山沟里的村民第一次吃上了自来水，成为轰动一时的新鲜事。曾经因为一担水要一条命的故事再也不会发生了！清清的泉水让“人换精神地换装”，给林县人民带来了希望和信心。

1953年，位于太行山余脉半山腰的河顺镇马家山村，在三次打深井失败后，村支书带领30多名共产党员、共青团员和200多名强壮劳力把西沟村一股山泉引到了村里，全村273户吃上了山泉水，80多亩旱地变成了水浇田，充满勃勃生机。县委把三级干部分期分批带到马家山村参观学习，让典型引路，号召“村村办好一件事”，迅速掀起一股小水利建设高潮。

位于深山沟里的石板岩区高家台村，自然条件本来十分恶劣，学习马家山村经验后，变劣势为优势，把15条山溪汇集起来，开挖了5个蓄水池和15个水槽，实现了用水自流化，高山梯田水浇化，为山区水利建设树立了榜样。

1954年，《中共林县县委1954年山区工作意见》诞生了，“山水田林路综合治理，农林牧副渔全面发展”的蓝图得到了安阳地委的批准和河南省委的赞许，一场“充分利用河里水，挖掘地下水，蓄住天上水，修渠、打井、建水库，植树造林、水土保持”的热闹图景在林县大地上轰轰烈烈地开演了。

1955年，毛泽东主席发出加强农田水利工作的指示，“水利是农业的命脉，要把农业搞上去，必须大办水利”，“每县都应当在自己的全面规划中，作出一个适当的水利规划”，林县人民更加坚定了自己的发展方向。

从1955年到1957年，仅仅两年的时间，林县的山区建设取得了巨大成就。曾担任刘少奇秘书的姚力文于1957年在《人民日报》发表题为《社会主义脚步声》的长篇通讯，讴歌林县的山区建设：从大禹治水到1944年10月，三四千年时间，林县只有1万多亩水浇田；从1944年10月到1955年冬，在投入抗日战争、解放战争，完成土地改革和恢复战争创伤的同时，11年扩大水浇地6万亩，超过几千年的5倍；从1955年冬到1957年秋，两年时间，全县水浇地扩大了16万亩，等于前11年的2.6倍，全县可以利用的各种水利设施灌溉的土地达到23.7万亩。

1957年国庆节过后，杨贵参加了在首都北京召开的全国山区生产座谈会，并面对中央和省部委领导做了经验介绍，引起了热烈反响。时任国务院副总理邓子恢总结时肯定了林县的经验，周恩来总理也通过会议简报了解了林县的情况，让年轻的杨贵备受鼓舞。回到林县，杨贵就马不停蹄地根据会议精神筹划林县下一步发展规划。

1957年12月13日，中共林县县委第二届代表大会第二次会议隆重召开，县委书记杨贵意气风发地作了报告——《全党动手，全民动员，苦战五年，重新安排林县河山》，拉开了林县人民同大自然如火如荼的战斗。

一千个庵子沟运动

庵子沟村是一个深山垴上的小山村，有136口人，182亩零星碎地分布在11道沟壑里，水源奇缺。村党支部书记石子鸿带领群众对山坡进行治理，但1954年的一场大雨，水土保持工程被洪水冲得一干二净。他们认真研究山洪的来龙去脉，找到了“从上治起，节节拦截，排蓄结合，上下兼治”的方法：山头上大挖鱼鳞坑分散拦蓄洪水，山坡上修建防洪渠控制洪水，挖排水沟和消力池减缓洪水流速，挖水平沟和蓄水池增加水的渗透量，坡下挖宽沟闸沟用淤土扩大耕地面积，梯田顶上修“人”字形排洪沟保护良田不受冲袭，坡根旱地地头打旱井蓄水防旱，沟底修水库变水害为水利，整修梯田垒岸设土埂变过水地为存水地。不仅实现了汛期洪水不下山，土不出田，而且粮食亩产达到176.5公斤，比治理前提高近两倍。

1957年汛季，杨贵再次来到庵子沟。虽然降雨量高达150毫米，但是庵子沟不仅安然无恙，而且漫山遍野的鱼鳞坑蓄满了水，山上新栽的10万棵桑树长势喜人，2.1万棵花椒树万绿丛中点点透红，树下的大豆估计可以收6万公斤。杨贵乘兴赋诗“群众有志气，首推庵子沟”，回到县城他就召开常委会，介绍庵子沟经验，研究全县的水土保持工作。当年冬天，为推广庵子沟经验，县委作出《为基本控制林县水土流失而斗争的决议》，计划要在全县开展“一千个庵子沟运动”。这项活动不仅改变了林县的面貌，而且在人民心中树立了党的形象。

修建英雄渠

淅河是林县南部较大的河流之一，上游山高坡陡，水势凶猛，每遇山洪暴发，泛滥成灾，给人民群众的生命财产造成巨大损失。为了变害为宝，解决农业灌溉和人畜吃水问题，林县向安阳地委申请修建淅河渠，获批准。1956年3月淅河渠开始施工，5个月完成了1.03公里的渠道建筑，但由于农忙和雨季的到来，加之国家补助的16万元经费已经用完，工程暂时停了下来。

停工一年多，杨贵苦苦思索了一年多。当时，国家财力有限，很难为基层提供足够的资金支持，但林县水的问题不能等，给多少钱办多少事的做法必须改变!

立足点要放在人民的基础上，为了人民，依靠人民，自力更生，艰苦创业，要取得水利建设的主动权。

杨贵主持县委常委会，总结经验和教训，提出“谁受益，谁负担”的办法，重新上马淅河渠。随后召开建渠工人代表会议，讲明修渠的意义，功在当代，造福子孙，并命名为英雄渠。在充分动员的基础上，还提出了明确的修渠要求。

毛泽东主席曾说过:“代表先进阶级的正确思想，一旦被群众掌握，就会变成改造社会、改造世界的物质力量。”①

51岁的妇女原秋华上了工地;在家休假的兰州铁路局工队长路银辞掉工作成为工地的“土专家”;副县长申锡让和民工一起劳动轻伤不下火线;宋村24名女青年组成“刘胡兰突击队”单独修建了50多米的渠道……

建渠过程中，领导干部奋战在第一线。568名党员组成98个突击队，108个农业社8300名民工意气风发，激情澎湃。他们把睡的山洞称为英雄楼，还自办了《向河山进军》的小报，用快板、歌曲、短剧等文化娱乐活动活跃生活。

英雄渠在太行山悬崖峭壁上建成后，改善了351个村的用水条件，解决了200个村8万人口的吃水困难，干支渠串通了1861个库塘和269个旱池，

---

① 选自毛泽东《人的正确思想是从哪里来的?》，人民出版社1975年版第1页。

年增产粮食2100万公斤，促进了淅河两岸工农业全面发展。

三座水库，三颗太行明珠

1958年3月，林县县委全体扩大会议作出决定，准备修建要街、弓上和南谷洞3座水库。

要街水库在淇河上游，辉县要街村南，控制流域面积450平方公里，设计最大库容量3450万立方米，兴利库容720万立方米。渠下有淇南、淇北两条干渠，可灌溉临淇、五龙、茶店3个乡镇12万亩土地。3月24日动工，7月10日竣工。

弓上水库位于合涧镇弓上村的淅河上游，是集防洪、灌溉、发电为一体的综合性水利枢纽工程，也是英雄渠的水源，控制流域面积605平方公里，设计总库容3220万立方米，兴利库容2150万立方米，灌溉面积12万亩。4月11日动工，1960年5月20日竣工。

南谷洞水库在露水河上游、太行大峡谷之中，拦蓄露水河和山泉水，是防洪、灌溉、发电、生活用水综合性水利工程，控制流域面积270平方公里，设计总库容6900万立方米，灌溉面积15.2万亩。4月11日开工，1960年7月竣工。

三大水库和英雄渠的修建，好像是红旗渠建设的预热，练了兵，培养了领导和技术骨干，从思想上、实践上、技术上积累了宝贵的经验。除了要街水库后来交给新乡市辉县管理外，弓上水库、南谷洞水库后来都成为红旗渠重要的补源工程，也成为旅游业“美太行”的亮点景区。

林县山区和水利建设的成就引人注目。1958年12月，国务院总理周恩来亲自签发奖状，上写：奖给农业社会主义建设先进单位河南省林县人民公社。

三、造福人民的根本大计：引漳入林

1959年，小麦喜获丰收，林县人民无不为“重新安排林县河山”带来的收益欢欣鼓舞。随着水库、水渠等水利灌溉体系的建成，林县缺水的问题看似得到了解决。

然而，当年麦收过后的前所未有的大旱，犹如当头一棒，让林县人民再一次陷入“水荒”。

流经林县的淇河、浙河、露水河全部断流，井池干涸龟裂，树也蔫了，已建成的渠道无水可引，水库无水可蓄，不但秋作物下不了种，人畜吃水又出现了困难，很多村的群众不得不再一次翻山越岭远道取水。受灾最严重的砚花水村，平均亩产二两八钱。

劳模成百福心急如焚地告诉杨贵：“挖山泉，打水井，地下没有水；挖旱池，打旱井，天上不给水；修水渠，建水库，照样蓄不住水。老杨啊，老天爷靠不住啊……”

县委会议室的灯光亮了一夜又一夜。杨贵动情地说：“水就是林县的一切！在林县，就得为父老乡亲彻底解决缺水的问题。否则，就不是真正的共产党人。”县长李贵悲愤地发问：“老天爷，真要把林县人逼上梁山吗?”县委书记处书记李运保发愁地说：“林县哪里还有水啊?”杨贵拍板：“光在会议室是找不出水源的。既然林县境内没有，那就迈开腿，到林县周边看看吧!”

1959 年 6 月 13 日，县委领导分三路风尘仆仆为林县人民找水去了。杨贵一拨人往北上了山西省平顺县，李贵一拨人往南去了陵川县，李运保一拨人往西到了壶关县。

杨贵一行冒着六月的酷暑，沿着崎岖的山路，翻山越岭，徒步而行。当进入与平顺交界的石城公社地界时，峡谷中传来湍急的流水声。只见浊漳河惊涛拍岸，水流湍急。再往上走，发现一个溶洞，水桶般的泉水冲进了浊漳河。杨贵简直不敢相信自己的眼睛，在如此干旱的季节，这里的水竟然如此丰沛?

6 月 14 日夜晚，杨贵一行和山西省平顺县石城公社社队干部座谈后得知了浊漳河的详细情况。水文资料记载，浊漳河最大流量 7 000 立方米/秒，一般流量 30 立方米/秒，平均最小流量 3.02 立方米/秒。即使在中等旱年枯水期流量也有 8—9 立方米/秒，水源稳定，引水充满希望。

他们按捺住激动的心情，继续进行引水的可能性和确定引水点等的细致考察，慢慢坚定了引漳入林的宏伟构想。几天后，他们带着第一手资料返回林县。

当得知其他组没有找到合适的水源后，杨贵把他们组的意见交给县委常委们讨论，取得了从漳河修渠引水的共识。

引水的设想，必须以科学的测量为基础。他们一方面向上级汇报，一方面组织了35名技术人员开始了艰苦而具体的勘测。在过去资料的基础上，几个月的奋战，测量队掌握了山西省内浊漳河几个引水点到林县坟头岭（修成后的分水岭）的长度和相对高度，证实了取水的可行性，也为决策和下一步的设计提供了科学依据。

10月10日，县委会研究引漳入林事项，大家争先恐后发言，分析了有利条件和存在的问题，研究了克服困难的措施和办法。从根本上改变林县缺水面貌需要"把天上水蓄起来，把地下水挖出来，把外地水引过来"，这三条，林县已经做了两条，只剩下从外地引水了。有党中央毛泽东主席的英明领导，有人民公社集体力量的无穷威力，有全县60万人民的支持和对生活的美好愿望，有近几年治山治水的实践经验，林县人民一定能在太行山上修一条"大运河"，把漳河水引入林县，彻底告别"水缺贵如油"的历史。会议气氛热烈，翌日凌晨7时才结束，作出了引漳入林的重大决策。

随后，县委会成员分头深入基层，广泛发动群众，倾听群众意见，充分走群众路线，林县让"宁愿苦干不愿苦熬"的精神振奋起来了。

10月29日，县委全会继续讨论引漳入林工程。会议决定，分四路抓紧筹备：一是组织水利部门抓紧测量设计，尽快拿出施工方案；二是向地委、省委请示；三是派人与山西协商修渠事宜；四是做好群众的思想发动工作和物资准备工作。

12月23日，地委水利建设指挥部同意林县修建引漳入林工程。

1960年2月3日，山西省委同意林县修建引漳入林工程，并建议从平顺县浊漳河侯壁断下引水。

几十年后，杨贵感慨地说："应该感谢1959年那场大旱，是它让县委从陶醉中醒来。旱情和责任逼着县委不得不重新考虑解决林县缺水的问题。"

四、一张浪漫诱人的县委"动员令"

1960年的春节，林县县委一班人是在期盼和兴奋中度过的。大年初一天还不亮,李贵、李运保、周绍先、秦太生、路加林等县委领导和一些机关干部就不约而同地来到杨贵家拜年。说是来拜年,大家却始终围绕引漳入林这个中心话题而谈论不止,气氛异常激烈,反倒成了引漳入林工程的论证会。

看到大家摩拳擦掌的样子,杨贵就给大家出了个题目:“你们说,总干渠全长 7 万米,渠道宽 8 米,高 4.3 米,如果一人承包一米,引漳入林这条渠咱们什么时候能够修成?”说着,他张开双臂,用双手比画了一米的距离。

“老百姓盖一间房子,也不过个把月,一个人挖一米,也就 34 个土方,两个月怎么也完工了!”县委书记处书记秦太生和县委组织部部长路加林争先恐后地回答。

县长李贵认真琢磨后说:“如果每人三天挖一方土,那么 34 个土方,一百天怎么也能完成了。”

县委一班人大都是抗日战争和解放战争初期参加革命的老党员,有一股敢于吃苦、敢于打硬仗的精神,大家豪情满怀,你一言我一语地议论着,一致达成共识:“只要二月初能开工,保证总干渠 5 月 1 日通水。”

“五一通水,坐船回家。”路加林提议后,十几只酒杯响亮地碰到了一起。

县里迅速按照“军事化管理”的思路,成立了引漳入林总指挥部,设政委和总指挥、副总指挥,下设办公室、工程技术指导股、宣传教育股、福利股、财粮股、物资供应股、交通运输股、安全保卫股等相应组织。以公社为单位成立分指挥部,下设营、连、班等战斗单位,积极开展大战准备。

1960 年 2 月 10 日夜,中共林县县委召开了引漳入林有线广播誓师大会。县委书记处书记李运保代表县委和引漳入林总指挥部向全县人民发出了《“引漳入林”动员令》(以下简称“《动员令》”)。

《动员令》宣布:伟大的划时代的引漳入林工程,定于 1960 年 2 月 11 日正式开工。并为林县人民描绘了一个北国江南的宏伟蓝图:引漳入林成功后,将有 20—25 个水的流量,像大运河一样流入林县。届时,林县将变成“渠道网山头,清水遍地流;旱地稻花香,森林盖坡沟;遍地苹果笑,年年大丰收;池塘鱼儿跳,往来驾小舟;走着林荫道,住在两层楼;崖头建电站,夜晚明如昼;龙王大权由我掌,行云布雨任自由;点灯不用油,犁地不用牛;不缺吃和穿,不怕灾年头;生活日日好,林县人民永无忧”的社会主义新山区。

那是一篇充满诗意和浪漫情怀的《动员令》，勾起了林县人民对未来美好生活的无限向往，也激发起了林县人民战天斗地的万丈豪情。

《动员令》还提出"一切行动听指挥"的组织、纪律要求，"实行组织军事化，行动战斗化，生活集体化，管理民主化，任何人不得闹分散主义，不按照统一行动办事的要严格开展批评与自我批评"。

《动员令》通过有线广播，迅速传遍林县的各个角落。像一根火柴点燃了干柴烈火，顿时，全县沸腾起来，人们奔走相告，摩拳擦掌，决心书、请战书像雪片一样飞向指挥部，从县委机关到千家万户，人们都在进行着激战前的准备。

"五一通水，坐船回家"成为当时一句最时髦的口号。

林县合涧北小庄村 17 岁参军、18 岁入党、参加过抗美援朝等大战役的退伍军人李学成一马当先对领导说："党员在关键时刻应该冲在最前面，凭 15 年的党龄也该我去。"

城关公社新婚不久的青年王朝文听到消息就报名要求上渠，他怕新媳妇不同意，没想到媳妇对他说："别说是去修渠，上战场我也支持你去。"

采桑公社的部分人马怕耽误时间，连夜就赶到了县城，坐等天亮出征。

横水公社东下洹大队因为修建英雄渠受伤的李天福正在住院疗伤，卷起铺盖就要出院，医生、干部们都拦不住他。他拍着胸脯说："不让俺上修渠工地，比住院还难受！"

河顺公社马家山大队老石匠崔天书，回想起旧社会里的一个大旱年头，他三弟进深山取水被狼活活吃掉的情景。他一面整理行李，一面对 80 岁的老娘说："县委决定劈开太行山，把漳河水引过来，彻底改变旧面貌，我要到工地大干一番，让你老人家站在大门口，亲眼看到水浇田。"

2 月 11 日，农历正月十五元宵节，浩浩荡荡的修渠大军，从 15 个公社的山庄窝铺同时出发，修渠社员自带干粮、行李，赶着马车、小平车，推着小推车，拉着粮食、灶具，冒着寒风，迎着朝阳，雄赳赳、气昂昂地行进在通往漳河岸边的道路上。

在道路两旁，"愚公移山，改造中国"和"重新安排林县河山"两幅标语最为引人注目。任村中学的师生沿途设立茶水站，把一碗碗茶水捧给上渠的人，像当年欢送解放军上前线一样热烈。采桑公社一名女社员接过水，满怀信心地说："今天喝你一碗水，来日还你一条河。"林县豫剧团的男女演员，为修渠的社员表演节目，进一步增添了火热的气氛。

总干渠全线开工后，一场男女老少齐上阵，千军万马战太行的战斗打响了。修渠大军在太行山峦，浊漳河畔，摆开劈山引水的"长蛇阵"，这是林县人民与大自然的一场大决战。

五、正式命名"红旗渠"的盘阳会议

"引漳入林"工程开工 20 天后，杨贵从河南郑州参加完省委四级干部会议，立即赶往工地。他从坟头岭沿着渠线徒步到了盘阳，又从盘阳西行，整整步行了 3 天才到了渠首。

他朝莽莽苍苍的大山望过去，近 4 万人的修渠大军分布在 70 公里的工作面上，就像蚂蚁一样，几乎看不见人。最初群众热情高涨，每一个人修一米，那还不是"小菜一碟"吗?! 但真的用镢头朝坚硬的太行山石劈去时，却只是在岩石上留下一个白点，人力显得那么苍白和微弱。

他又到民工的食堂、工棚以及居住的山洞里去组织座谈，了解他们的施工生活和身体状况，越看越觉得问题严重。

开工之初缺乏经验，又急于求成，对工程的艰巨性估计不足，总干渠全线出击，战线拉得太长，工程量大，领导、劳力分散，指挥很不方便，也无法到位，关键部位艰巨工程拿不下来；技术力量薄弱，在百里渠线上奔波，照顾不过来，手忙脚乱，顾此失彼，很多技术难题不能及时解决；民工看不懂图纸，漫山打眼放炮，炸得到处坑坑洼洼，有的炸坏了渠底，有的挖错了渠线，不但浪费人力、物力，工程质量和安全也难以保证；前方呼喊人手不够，工具缺少，运输跟不上，后方干着急，物资供应不到。

在山西省平顺县施工、放炮，硝烟弥漫，炮声震天，放炮的飞石把民房的门窗玻璃震破，把房子砸塌，吓跑了牲口，毁坏了树木……长期下去，与当地群众的矛盾就会升级，修渠的阻力将会加大。

因政治思想工作做得不够，少数人对"引漳入林"工程的重大意义认识不足，在施工中遇到困难，畏首畏尾，不求进取，牢骚满腹，说风凉话，消极怠工。

经过调查研究，杨贵和工地指挥部的领导决心改进全面铺开的“长蛇阵”施工方法，缩短战线，干一段成一段，通水一段，让群众看到成绩，看到光明，增强必胜的信心。同时，还必须赶紧拿下20公里山西段，缩短山西群众忍受阵痛的时间，减少不必要的麻烦。另外，修通渠首至河口段，进行首次试通水，一来可以检验工程，二来可以鼓舞民工的士气。

1960年3月6日至7日，中共林县“引漳入林”委员会在任村公社盘阳村召开了全体扩大会议，杨贵作了《要多、快、好、省地完成“引漳入林”任务》的报告。在充分肯定开工20多天取得的成绩，高度评价建渠干部民工高昂的斗志和不畏艰险的劳动热情同时，指出了出现的几个问题，要求大家要活学活用毛泽东思想，采取集中力量打歼灭战，分段突击的办法，集中施工，分段来修。

杨贵对建渠方针和战略战术做了详细的阐述，他苦口婆心地对与会同志讲：“施工必须本着自力更生、勤俭节约的精神办事，不能浪费一分钱、一分民力，要依靠人民群众的双手来完成这一艰巨而光荣的任务。”

杨贵提议把“引漳入林”修筑的这条渠叫作“红旗渠”。他说：“红旗象征着革命，象征着胜利，命名为红旗渠，既表明了林县人民不畏艰险、征服自然的雄心壮志，也表明了林县县委要力挽狂澜，高举毛泽东思想伟大旗帜前进的坚定决心。”

与会同志围绕杨贵的报告认真检查反思了前段工作，进行分类整理，归纳为四个跟不上：领导指挥跟不上、技术指导跟不上、物资供应跟不上、后方支援跟不上。认为这些问题的实质是思想方法和工作方法问题，必须对原计划加以改进，收拢五指，攥紧拳头，集中优势兵力，攻克一个个难关。

但是，也有部分干部认为，刚刚安营扎寨，铺开施工摊子，又要收摊转移，便发起牢骚：“窝还没有暖热又要拆，一百年也下不出一个蛋。”

会议最后决定采取领导、劳力、物资、技术“四集中”的办法，扭转目前施工中的被动局面。在劳力组织形式上，以公社编为营，以大队编为连，设连长、工程技术员、保管员各一人，以生产队成立作业组。同时，在各营连中成立党团组织，连队干部实行连长、技术员、司务长和保管员“四固定”的办法。除特殊情况外，一般不予调换，以免工作脱节。

大家一致同意将“引漳入林”工程命名为“红旗渠”，并提交“引漳入林”

民工代表会议通过。

3月10日，总指挥部召开"引漳入林"工程全线民工代表大会，深入贯彻盘阳会议精神，通过了13项决议。

3月13日，总指挥部又召开各分指挥长、工段负责人和部分民工代表会议，决定把红旗渠总干渠工程分四期进行建设：第一期渠首至河口段；第二期河口至木家庄段；第三期木家庄至南谷洞段；第四期南谷洞至坟头岭段。当天，红旗渠工程总指挥部由盘阳移师至平顺县石城公社王家庄大队。

后来的红旗渠建设实践证明：盘阳会议作出的战略决策的重大调整，对整个红旗渠建设具有决定性的关键意义。

六、"隔三修四"的精神激励法

在红旗渠总干渠第二期工程竣工前夕，容水6 900万立方米的南谷洞水库建成蓄水。站在78米高的水库大坝顶上，望着碧波万顷的水面，杨贵的心里久久不能平静，反复思考着如何尽快发挥南谷洞水库的效益，以缓解目前的旱情。按照红旗渠总干渠设计方案，南谷洞水库作为红旗渠的补源工程，下游的渠道属于第四期工程。红旗渠总干渠1960年2月动工，到1961年9月第二期工程竣工，18个月延伸了29 619米。第三期工程木家庄到南谷洞段渠线最长，为23 180米，再加上第四期南谷洞至坟头岭段，总共还有40 510米要修建。按照目前的进度，红旗渠通水最少也得3年时间。这样，民工的情绪定会受到影响。

突然，他心中闪出一个火花，能不能改变一下施工方案，先干第四期工程，将南谷洞水库的水尽快送到坟头岭以南地区，使盼水的群众和焦渴的土地尽快喝上水呢?

他立刻把自己的想法和边上的马有金通气，又到总指挥部和县委会议上研究，大家都说这是一个好主意。

1961年10月1日，迎着中华人民共和国成立12周年的第一缕晨光，红旗渠第三期(原计划四期)工程的开山炮响了。

分水岭海拔高约420米，和青年洞的高程一样。千百年来，人们想漳河水、盼漳河水，就是因为这个岭过高，漳河水无法越过。如今，要从这里凿一条长 240 米的隧洞，两头还要开出长 100 米，宽、高各 10 余米的深沟明渠，预计需开挖土石 3.4 万立方米。

该工程由县里组织的 300 名青年护渠队进行施工。这支队伍曾因开凿青年洞而名声显赫，他们人员年轻，生龙活虎，经历过艰难困苦，能攻善战，富有凿洞经验，是修建红旗渠的一支王牌队伍。

首先要凿通可以尽快让南谷洞工程发挥效益，给坟头岭以南的群众带来希望的咽喉工程“希望洞”。负责施工的卢喜贵深感肩上责任重大，让青年们把标语写在洞口：拼命赶时间，斩断坟头岭，早日让南谷洞水流遍林县山川。他工作深入细致，认真负责，每天钻在洞内和青年们一同战斗，随时解决施工中出现的问题。

1962 年 5 月 1 日，隧洞胜利凿通。之后又从姚村、泽下、原康、采桑公社调来能干的石匠，起石头、锻料石，对 10 余米高的渠墙进行衬砌。为节省土地，把部分明渠进行拱券后，改为暗渠，洞上复土为田，总长 354 米。

由于贯彻了中央“调整、巩固、充实、提高”的方针，1962 年，农业形势出现了好转，县委及时作出了《关于管好储备粮的决议》，号召全县各生产队“丰年多储，歉年少储，以丰补歉，储粮备荒”。1962 年秋后，全县集体储备粮达到 2 520 万公斤，县里拿出 100 万公斤改善民工生活，工程进度明显加快。从当年 2 月 6 日起，红旗渠工地民工增加到 8 000 人。

1962 年 2 月 28 日，中共河南省委第二书记吴芝圃、省委书记处书记史向生和省水利厅的领导来到红旗渠工地视察，充分肯定工序调整的决策。吴芝圃说：“提前干四期工程方向对头，水利工程配套是一件大事，一切以尽快受益为原则！”

经过一年苦战，1962 年 10 月 15 日，红旗渠总干渠第三期工程竣工，分水岭终于开闸放水，提前把喜讯、信心和希望带给了全县的父老乡亲。

分水岭开闸放水的喜讯轰动了全县，十里八乡的群众蜂拥赶来看漳河水，面对欣喜若狂的父老乡亲，杨贵信心十足地告诉大家：“乡亲们，我们看到的还不是漳河水，而是南谷洞水库的水，我们再艰苦几年，等红旗渠修成了，漳河水可比这大得多呢！”

南谷洞水库的水提前两年到达坟头岭，全县近 30 万亩旱地得到了灌溉，人畜饮水问题得到了解决。山上的树青了，地里的庄稼绿了，林县人民续建红旗渠的劲头更大了。

七、伟人情牵红旗渠[①]

毛泽东主席虽然没有到过红旗渠，但红旗渠却和毛泽东主席密切相关。毛泽东思想是修建红旗渠的精神支柱和动力源泉，修渠民工常从毛泽东主席的著作和语录中寻找解决问题的办法，汲取战胜困难的勇气和力量。毛泽东主席还和红旗渠发生过真真切切的故事……

两次接见杨贵，催生了红旗渠的决策

在修建红旗渠之前，毛泽东主席曾两次接见杨贵，关心林县发展，给“重新安排林县河山”以极大的鼓舞和帮助。

第一次是1958年的孟冬，毛泽东主席在新乡火车站的专列上接见了杨贵等地、县负责人。

当河南省委书记处书记史向生向主席介绍“这是林县的县委书记杨贵”时，毛泽东主席点点头：“唔，林县杨贵，我知道你。听说你治水很有一套嘛!”杨贵赶忙双手迎上前去，握住毛泽东主席温暖的大手，回答说：“我做得很不好，目前林县还有一些人吃不上水呀!”毛泽东主席微微笑着，双目慈祥地注视着杨贵，那亲切的话语和暖心的笑容，使这位年轻的县委书记久久不能忘怀。

就是这次幸福的接见，给了杨贵为百姓兴修水利的无穷动力。

第二次是1959年3月1日，杨贵参加了毛泽东主席在郑州召开的座谈会。

这次座谈会的主题是研究农村人民公社的问题。人民公社发展很快，随着生产关系的变化，公社内部出现了不少矛盾需要解决。

---

① 本节参阅魏俊彦、崔国红主编的《林州热土领袖情》(中国文化出版社)第1页《一代伟人毛泽东的百姓情缘》和郭青昌编著的《人民的红旗渠》(河南人民出版社)第1页《毛泽东主席高度关注红旗渠》，并整理而成。

与会同志分别谈了自己的看法，随后为自由发言。毛泽东主席不断答疑、提问，这种不拘形式的谈话，使气氛很活跃。

根据大家反映的情况，毛泽东主席提出："生产关系要改进，权力不能过分集中，公社的体制要下放，实行公社、生产大队、生产队三级管理和三级核算，以队为基础。这个以队为基础，有的主张以原来的高级社，有的主张以生产大队，有的主张以生产队。看来，以生产队为基础比较适宜。"

听着主席的话，杨贵心里亮堂多了。他想到，林县老区人民焕发出来的革命精神和冲天干劲是搞好公社的必要条件，要正确引导。但近段时期个别公社内部出现的严重问题却使他忧虑。他决定，要把问题反映给毛泽东主席，这对全国的公社会有好处。

于是，杨贵直言不讳地说，林县公社化以后，有些地方搞平均主义，平调农民土地、牲畜和物品等，在群众中反响很坏。有的公社负责人，为了把公社搞好，主观上总想着越大越好，就把几户农民的地占了，把全社农民个人养的猪都抓来，办大猪场。结果，农民心里有怨气，却不敢说，严重影响了干群关系。为此，县委严肃批评和制止了这种做法，刹住了平调之风。

毛泽东主席听罢，点头表示赞成，并且意味深长地说，我们现在生产力水平还很低，物资还不丰富，对于社会产品只能实行等价交换，不允许无偿占有别人的劳动成果。要纠正这种平均主义的倾向。

毛泽东主席还把手里的铅笔举起来，幽默地解释道："你想，如果我有两支铅笔，你问我要一支，我不会同意；如果我有三支四支铅笔，你问我要一支，我也不会那么痛快地给你；如果我有五支六支甚至更多一些，你问我要一支两支，我才会同意给你。现在是社会主义阶段，还是要按劳分配，要清理'共产风'，平调来农民的东西，能退还的还是要退还给农民。"

毛泽东主席风趣的谈话、浅显的比喻，使与会者获益匪浅。杨贵听了，更像服了清醒剂，脑子里也亮堂多了。

这次座谈会，不仅让杨贵深刻地认识到要深入实际，实事求是，还给修建红旗渠带来了实实在在的物质"支持"。

后来，根据郑州会议情况，为了清理"共产风"，刹住"平调风"，党中央从国家财政中拨款给地方解决问题，仅给林县就拨了约400万元！中共林县县委迅速组织力量调查落实平调情况，在挨家挨户退赔给社员100多万元后，还剩下将近300万元，成为县里的公共积累资金，存入银行，日后成为修建红旗渠的一笔重要资金。

两次亲笔批示，直接“挺”起了红旗渠

红旗渠，是林县人民执行毛泽东主席“独立自主、自力更生”方针政策的一曲凯歌，被外国舆论称为“毛泽东意志在红色中国的典范”！

毛泽东主席，不仅用自己的思想引领着林县人民，而且关注着林县的发展，对林县人民自力更生修建红旗渠高度赞赏和肯定，曾经两次对红旗渠遇到的问题亲笔批示，力“挺”红旗渠。

第一次批示是针对有人告修渠违反财经纪律的问题。

1961年，国家向全国各地拨付专项资金。当时，林县县委决定，把这笔应赔偿林县财政的专项资金暂时存入县人民银行。红旗渠总干渠第三期工程动工后，因为在资金方面遇到了严重困难，杨贵书记就与县委常委研究，拿出存在银行的这笔款用于红旗渠建设。

但是，一些反对修建红旗渠的人认为这次抓住了县委的把柄，接二连三向上级告状，说：“林县县委违反了财经纪律，擅自把大额资金投放市场，犯了严重错误。”

当时，上级调查组将调查结果报送中央，报告中说：“河南省林县不顾条条的限制，集中了可能集中的财力物力，大搞群众运动，经过十年奋战，建成了长达三千余里的红旗渠，还兴办了水泥、煤窑、机械等小型工业，全县农业大翻身，工业蓬勃发展。如果按老规矩，那就根本办不成！”

主管财政工作的副总理李先念看后说，这不是什么大问题，动用这笔款合情合理，也不要把它看得太重了，只不过在程序上有点小问题。

1970年8月20日，财政部党的核心小组把在红旗渠建设中使用专项资金的做法作为先进典型，向党中央、毛泽东主席呈送报告，毛泽东主席进行了圈阅。这个圈阅，让困扰县委领导的问题顿时烟消云散了。

第二次批示是针对有人全面否定修建红旗渠的问题。

在修建红旗渠的过程中，有些人反对林县修建红旗渠，说什么“修建红旗渠不是一功，而是一罪”“红旗渠是死人渠”，等等。

那条为民造福的红旗渠，是老百姓力量和智慧的展现，反对红旗渠怎么得了？

由中央政治局提出，经毛泽东主席批准，1972年10月28日至11月3日，河南省委、省军区党委和三个河南驻军党委，在首都京西宾馆召开"批林整风"汇报会，周恩来、叶剑英、李先念等出席了会议，林县县委书记杨贵和兰考县委书记张钦礼参加了会议。

会后，1972年11月4日，中共中央发出[1972]42号文件批转《中共河南省委关于继续深入开展批林整风运动的请示报告》，毛泽东主席在中共中央作出解决河南问题(包括红旗渠)的意见上批示："同意。"

毛泽东主席重如千钧的两个字，给了红旗渠和林县人民巨大的肯定、无限的荣光。

计划好的红旗渠之行，留下"未了情"

1971年，毛泽东主席由于身体欠佳，已经很少外出。可到了1973年春暖花开的时候，他老人家突然提出要到北京以外的地方走一走，并指着南方说，到林县去看一看红旗渠，看一看在太行山上创造奇迹的人民。

经过慎重研究，毛泽东主席视察红旗渠的日程基本上定了下来。可就在视察即将成行的时候，医生对毛泽东主席做了一次全面细致的体检，结果显示：主席的心脏病较以前有加重的迹象，不能出门。何况，视察红旗渠，千里迢迢，一路劳顿，下了车，还要沿着坎坷崎岖的山路，翻山越岭，80岁高龄的老人如何吃得消？于是医生建议：暂不去红旗渠视察，待适当时候再做安排。

视察红旗渠的强烈愿望被搁浅，但毛泽东主席还是放不下红旗渠，他让身边的工作人员找来《红旗渠》纪录片观看。

毛泽东主席全神贯注地观看着影片里的每一个场面、每一个镜头、每一个细节，他被林县人民吃着野菜开山劈岭的硬骨头精神所感动，为红旗渠通水、老百姓欢呼雀跃的场面激动得热泪盈眶。

片子放完了，毛泽东主席意犹未尽。他对一起观看的身边人员说，林县人民一不怕苦、二不怕死才建成了红旗渠，了不起啊！有了林县人民这种自力更生、艰苦奋斗的精神，建设好社会主义新中国就有希望了！

第三章

精神丰碑

为什么林县人能修成红旗渠？

任何事情的成功都是“一果多因”，何况一项被称为奇迹的伟大工程呢？从不同的视角可以总结出若干条经验来。比如坚持党的领导，比如社会主义“集中力量办大事”的优越性，比如“毛泽东思想武装起来”的力量，比如林县人民的吃苦耐劳、自力更生品质，比如实事求是的工作作风……还有那些平凡劳动者的伟大贡献、那些容易被人忽视但却至关重要的细枝末节。

在搜集、整理红旗渠建设资料时，能够明显地感觉到的是修渠人弥漫在太行山广阔天地里的一股浩然正气！一种浪漫而沉稳、艰辛却百折不挠的精气神！时至今日，登临太行山腰的红旗渠，走在弯弯曲曲的渠岸上，依然能够感觉到这种强大的气息扑面而来。

几乎所有人在谈论红旗渠的时候，都会津津乐道于红旗渠所散发出的那种充满正能量的震撼人心的神秘力量——红旗渠精神。

杨贵于1998年在《人民日报》发表了文章——《红旗渠精神的思考》。文章写道：为了人民，依靠人民，是红旗渠精神的根本；敢想敢干，实事求是，是红旗渠精神活的灵魂；自力更生、艰苦奋斗是红旗渠精神的集中体现；红旗渠精神具有强大的凝聚力和号召力。

林县县委总结：红旗渠精神就是“自力更生，艰苦创业，团结协作，无私奉献”。红旗渠的修建坚持“自力更生为主，国家扶持为辅”的原则，主要依靠林县人民的力量。红旗渠工程十分艰巨，又是在三年困难时期上马，在粮食紧张、物资短缺、设备技术条件落后的情况下，备历艰辛修建而成。红旗渠工程规模较大，参加施工人员众多，是全县各个地方、各个单位都以大局为重，相互支持，相互配合，是全国有关部门及驻地部队的大力支持，特别是在各级水利部门及工程技术人员和山西省干部群众的大力帮助下才修成的。红旗渠修建过程中，无论是受益地区还是非受益地区都不计局部利益得失，为红旗渠建设贡献力量，特别是81位同志为红旗渠建设献出了宝贵生命。

一、思想变物质的典范

在太行山修建红旗渠条件艰苦，工程繁重，住得简陋，有时还吃不饱，但即使是在最困难的开凿青年洞的岁月，吃着河草树叶，修渠民工都激情洋溢，笑容满面，就像长征路上的红军一样乐观、坚定。

工地党委始终把政治思想工作放在首位，给修渠人安上了动力引擎。因为"政治工作是一切经济工作的生命线"，"理论一经掌握群众，就会变成物质力量"。

统一思想，宣传群众

引漳入林集结号吹响后，广大干部和群众踊跃参与，可是有一部分人不相信建渠能成功，产生怀疑思想和畏难退缩情绪。

为了统一思想认识，树立敢于向大自然作斗争的勇气和人定胜天的信心，各连队结合本村实际典型事例，动员民工忆过去的缺水苦，讨论林县如何克服干旱缺水贫困面貌，需要不需要修渠，需要修应该谁来修，在修渠中碰到困难是当革命闯将，还是做大自然的逃兵等，让民工明白引漳入林的重大意义。

同时，深入开展学习向秀丽、雷锋、王杰、焦裕禄等先进典型人物的模范事迹，民工创业精神大振。大家把誓言写成标语，贴在工地墙上，写在太行山的石壁上："红军不怕远征难，我们不怕风雪寒。饥了想想过草地，冷了想想爬雪山。渴了想想上甘岭，千难万险只等闲。为了渠道早通水，争分夺秒抢时间。""头可断，血可流，不修成红旗渠不罢休。""宁愿苦战，不愿苦熬，苦战有头，苦熬无头。"有不少党员、团员提出"山不低头心不死，水不听用誓不休"。

毛泽东思想武装群众

为了使广大干部、民工保持旺盛的干劲，战胜前进道路上的各种困难，勇于当战天斗地的闯将，工地党委以工段驻地为单位，健全学习组织，配备学习辅导员，掀起学习毛泽东著作的热潮。

民工们通过学习《矛盾论》《实践论》《为人民服务》《纪念白求恩》《愚公移山》《反对自由主义》等文章，把毛泽东语录和自己的学习心得贴在工地悬崖峭壁上，使大家随时能够看见，提高思想，树立信心，增强干劲，克服困难。民工们纷纷说："毛主席领航咱紧跟，铁肩能担一千斤。劈山修渠为革命，敢叫山河日日新。"

由于干部、民工心红志坚，在生活最困难的时期，为了填饱肚子，就下漳河捞水草，上山采野菜，树上的叶子也被扒来充饥。如白杨叶、老杏叶、槐树叶，被扒来后，榨掉苦水，掺上红薯面、木薯面蒸蒸吃。修渠民工肚里饥饿，

图 25　学习毛泽东思想(图片来自资料)

但想到自己干的事业是为子孙后代造福，再苦再累也无怨言，他们在石头上写下豪言壮语："修自己的渠，流自己的汗，不靠神仙不靠天，渡过困难就是胜利。"

典型引路，激励群众

工地建立143个宣传队、413个宣传组，共有3897名宣传员，真正做到了哪里有民工，哪里就有宣传员。各连驻地还办起了墙报、黑板报，县剧团和各公社、大队的剧团、电影队经常深入工地进行慰问演出，并将工地发生的英雄人物和好人好事，编成小段剧表演。放电影前，放映员也来上段快板或顺口溜，随时随地宣讲党的方针、政策，宣传好人好事。

广泛深入的宣传教育活动使民工情绪饱满，干劲倍增。采桑营出现了"英雄十二姐妹"战斗班，班长郝改秀写出豪言壮语："春风呼啸万丈高，姐妹高山把心表，决心改造大自然，拼命大战行山腰，不怕石硬冷风吹，定牵漳水把地浇。"此外，工地先后涌现出舍己救人的女共产党员李改云、山区建设的坚强战士吴祖太、除险英雄任羊成等模范人物，还评出98个标兵连、133个"董存瑞标兵班"、117个"李改云突击队"、2472名模范人物，他们皆成为劈山建渠的骨干力量。

检查评比，促进群众

抓检查评比和"红旗竞赛"，也是提高广大民工生产情绪、促进工程进度的有效方法。工地组成3个协作区、2个独立营，总指挥部做了3面红旗，每10天开展一次评比，以比质量、比安全、比速度、比干劲、比巧干为条件展开竞赛，全工地形成了你追我赶的施工热潮。谁家夺了红旗，总指挥部就开会表彰，授红旗，演电影。

施工指挥部根据民工经常换班的特点，除坚持层层做好技术训练和思想发动工作外，还开展"爱渠日"活动。每旬逢十，以营、连为单位，向民工进行党的方针政策、安全生产、工程标准等各项规章制度教育，并经常发动段与段、营与营、连与连互相展开对手赛，评功摆好，插红旗，树标兵，开展"三个五好”活动，即争当“五好”干部、“五好”连队、“五好”民工。“五好”干部条件是：学习积极，政治思想好；工作积极，完成任务好；执行政策，遵守纪律好；蹲点劳动，联系群众好；比学赶帮，团结互助好。“五好”连队条件是：思想工作好，工程质量好，安全生产好，执行政策、完成任务好，勤俭节约好。“五好”民工条件是：政治思想好，完成任务好，安全生产好，爱护公物好，团结友爱好。

通过上述政治工作的开展，出现了很多公而忘私的好干部。广大民工都做到了“四个一样”，即领导在不在干活一样，技术人员在不在质量一样，人多人少干劲一样，条件好坏完成任务一个样。

红旗渠是被动员起来的成千上万的普通人创造的奇迹。

二、党员干部走在前

在红旗渠纪念馆保留着一张照片，县委书记杨贵和县长李贵走在了太行山上修渠队伍的最前列。

历时十年修建红旗渠，先后能够动员 30 万群众踊跃参与，靠的是什么？靠的是林县人民对美好生活的向往和奋斗，靠的是社会主义制度的优越，靠的是党的领导、宣传和发动，靠的是广大党员干部的带头和示范……

1960 年 2 月 7 日，在成立引漳入林总指挥部的同时，就成立了工地党委和工地团委，并把党团组织建在了民工营、连队伍中。当年，在林县流传着这样几句话：“党支部不强，等于孩子没娘，房子没梁。”“党员干部能搬石头，群众就能搬山头；党员干部能流一滴汗，群众的汗水流成河。”

许多修过渠的老年人回忆说，当年修渠过程虽然很艰苦，但是干部和群众之间的关系却很密切，其核心因素就是党员干部率先垂范、不计得失，发挥了无私奉献的引领作用。

年过半百的县长李贵，虽然长期患有心脏病，但在那个特殊年代，为了保障修渠物资，需要殚精竭虑、不分昼夜，以致后勤战线流传一句话：“天不怕，地不怕，就怕李贵打电话。”为了将洛阳一个下马水库留下的一批炸药运回来，李贵带领小推车运输队跋涉 260 多公里，往返数次，才将 500 吨炸药和 200 万个雷管全部运到修渠工地。

图 26　党员干部走在前(图片来自资料)

和杨贵一同担任红旗渠总指挥部政委的县委书记处书记李运保在引漳入林准备阶段,大脑和身体就同时高速运转起来,打电话、开会协调,动员群众,考察渠线,亲力亲为。1960 年 2 月 7 日他安排工作人员连夜赶写《引漳入林动员令》;2 月 8 日,他骑着自行车赶到 60 多公里的盘阳村召开公社、县直单位开筹备会;2 月 9 日开始带队翻山越岭实地划分各公社渠线施工任务;2 月 10 日凌晨 3 点多钟赶到平顺县石城公社协调民工住房问题,当天下午赶到林县地界的牛岭山村时已经累得寸步难行,只好找了一匹马往回赶,晚上 8 点才乘上车,在车上审阅修改《“引漳入林”动员令》草稿,将近 9 点,才回到县城,饭没吃,水没喝,就直奔设在大戏院的全县引漳入林广播誓师大会主会场。他发出的动员令飞向了林县的每一个村庄……

红旗渠修建过程中先后有三任指挥长,第一任是周绍先,第二任是王才书,第三任是马有金。一位曾经在指挥部工作过的老人说:“他们有一个共同的特点,从不坐在指挥部的帐篷里遥控指挥,总是每天在渠线上调查研究,检查工作进展情况,发现问题就地解决。”周绍先既是工程指挥长,又是县委书记处书记,工程刚开工时,天气比较冷,晚上冷风飕飕直吹,冻得每个人都打冷战。周绍先和其他指挥部成员一样睡在帐篷里,他的枕头就是一块长方形的石头,后来到山上割了些茅草垫褥子下,才暖和了一点。副指挥长郭法梧是法院院长，但每天扛着大绳上山选下崭除险地点，负责看绳，民工们调侃他："法院院长变成了除险队长。"

从事关生命温饱的口粮，到具体参与一线劳动，红旗渠建设工地上的领导干部坚持不搞特殊，严格自律，以践行全心全意为人民服务的宗旨，发挥了带头示范的作用，凝聚了人心，团结了群众，为工程建设营造了良好的氛围，提供了重要的力量保证。

在修渠一线，修渠民工是定期轮换的，干部却要常年驻守工地，逐渐形成了党员干部生活搞"五同"（即同吃、同住、同劳动、同学习、同商量）、工作搞"六定"（定任务、定时间、定数量、定劳力、定工具、定工段）的制度。

在工地上，党员干部以身作则，带头参加劳动，与群众实行"五同"。起五更，披黄昏，夜以继日地奋战在工地，抡锤打钎，装药放炮。哪里工程险恶，哪里就有干部坚守工地。领导既是指挥员又是战斗员。总指挥长、干部、工程技术人员都是穿着厚重的自行车胎皮钉的"打掌鞋"，布衫上都是补丁垒补丁，脸黑黑的，手粗粗糙糙，根本认不出谁是干部、谁是民工。他们还将生死置之度外，上工地前把手表放在家里，开玩笑说："身上没有啥值钱的，一旦人'光荣'了，也是一笔遗产。"有的把身上带的饭票、钱掏出来，放在自己的枕头下，随时准备应对风云不测的事件。

总指挥部和各分指挥部还有一条不成文的规定：领导干部先试验，再给群众定指标。上级领导在给下级制定指标和任务前，一定要自己先实践，看看实际修建中能完成多少任务，才能客观地给大家定目标。而且，不能超过自己的实践工作量。

干部参加实践中实行"六定"的工作方法。每个干部必须参加第一线劳动，每人都建有劳动手册，每个月都规定了劳动时间和天数。只能超额完成，不能拖欠，拖欠了，必须补上，谁也不能例外。而且工作手册在哪个连队，就由哪个连队给填写。

比如，有时到了下工时间，运水泥的汽车或拖拉机来了，车只能开到山下边，而红旗渠是在半山腰上，水泥要靠沿着曲折陡峭的羊肠小道一袋袋往上背。民工们干了一天的活，已经疲倦了。这时，工地领导不能再说啥，只好以身作则，不声不响地背起一袋水泥就往山上走。人们看见领导背着上去了，谁还能不去背，就会争先恐后地背起来了。

像这样干的活儿，根本就不算劳动时间。

有一次，指挥长马有金在县里开了几天会议，回到工地后，又有很多问题需要及时进行处理和解决，把参加劳动的时间给挤掉了，他的手册上有10天没有完成劳动任务。因此，他向指挥部全体人员进行自我检讨，并在下一个月里，把没有完成的劳动时间加倍地补了上来。每到年终合计参加劳动时间时，马有金参加劳动的时间都在200天以上。

民工们看到这种作风，越干越有劲。

但在领取补给的时候，却恰恰相反。

在修建总干渠的时候，正是国家和地方政府都比较困难的时期。为了保证大家有力气干活，县委千方百计筹措粮食给自带口粮的修渠人员有一定的粮食补助。下图是一份有关当年补助粮食分配的记载：

时间	干部补助 单位：市斤	民工补助 单位：市斤
1960.2—4	1.5	2
1960.5—8	1.2	1.8
1960.9—10	0.8	1.2
1960.11—1961.5	1.2	1.5
1961.6—1966.5	1.2	1.8

图27　补助粮食分配记载(图片来自资料)

三、争担“责任”渡难关

1960年，路明顺由林县人民委员会统计科副科长调为中国人民银行林县支行行长。此时，正是红旗渠开工的第一年，林县成立后勤指挥部，路明顺是小组成员，负责工程资金供应工作。1960年，中央为纠正“一平二调”，开始退赔，退赔给林县的款项是400余万元，其中的100余万元已退赔给社员，剩余部分仍在银行国库存放。1962年，上级银行发文件通知说：期票发过的就发过了，没发过的，暂停发放。也就是说，没发的先不发，至于以后发不发，没讲。

路明顺看到这个文件，心里非常着急，若剩下的款项发不下去，等于说剩余的近300万元的公共积累资金“充公”，林县很大一部分损失将无从补偿。更重要的是，修建红旗渠缺钱，还指望用这笔钱呢！

当时，正在乡下整党的路明顺赶快返回县城，向县委汇报此事。他提出建议，抓紧时间转移支付。为了解决林县人民缺水的问题，明知这样做不符合常规，还得这样做。因为退赔期票在国库保存，就死滞在了那里。他下定决心，一定要想办法从国库提出来这笔钱，支持红旗渠建设。

县委同意了他的建议。

第二天，路明顺赶到安阳地区中心支行，找到了陈行长，说退赔期票，早已经发放完，只不过没办手续，没有转账。

陈行长说，既然已经发下去了，就转账。

这就将退赔期票变成了现款，分到林县的各个公社红旗渠工程施工中，这些钱就三万五万地用上了……

1963年11月，林县来了一个调查组，任务是调查“一平二调”退赔款的使用问题。一到林县，调查组便找来县委几位领导谈话，接到林县某些人的“揭发”，路明顺不经上级批准，动用“一平二调”退赔款，随意支配国库里的钱，他犯了严重错误，要承担责任。

县委书记杨贵、县长李贵、县委书记处书记秦太生坚决不同意这些“揭发”意见。他们认为：退赔款属于林县，林县完全有权支配，用在哪里都不能算错。只要合理合法，不需要什么人承担责任。

调查组认为：款项即使属于林县，也要由上级批准才能动用，不经审批就把它用掉是不允许的。

逼急了，忠厚老实的李贵说了话：“因为我们等着用，要是等上级审批，还不知要等到猴年马月，红旗渠工程等不了。”

末了，李贵说：“我是县长，要是说算犯错误，错就是我的，要处分，处分我好了。”秦太生说：“是我通知路明顺办的手续，责任在我。”杨贵说：“我是县委书记，是县里的‘一把手’，用钱的事，是我拍的板，跟别人没关系，责任由我一人承担。”

调查组的人觉得奇怪。有的地方，出现什么问题，领导干部都是往别人身上推，推不掉也要硬推，还没见过像林县这样的，事情都往自己身上揽。

调查了几天，调查组让路明顺写了检查，还要撤销路明顺的职务。县委坚决不同意这一处理意见。后来给了路明顺一个党内警告处分，调出银行工作。

最后，经过李先念发话，毛主席圈阅，这个长期被人非议责难的问题，才终于有了公正的结论。

四、指挥长"黑老马"

1961年9月，红旗渠第二期工程即将竣工时，工地总指挥王才书患类风湿关节炎，实在撑不下去了，这副担子撂给了副县长马有金。

记者认不出马副县长

这位身经百战、一心扑在水利建设上的副县长，既当指挥员，又当战斗员，哪里艰苦，他就到哪里去，扎在修渠工地9年。

他身着补丁衣，脚穿"打掌鞋"，风里来雨里去，和民工一起抡锤打钎，放炮凿石，脸晒得黝黑，比民工还像民工，民工们有啥也敢和他直说，都亲切地称呼他"黑老马"。

有一次，一个没有见过马副县长的记者听说他在一处工地就到现场来找他。可到了现场一看，大家都在干活，有打锤的，有扶钎的，没有一个闲人。看穿戴，都一样，都是补丁衣服，钉了车轮胎皮的布鞋；看脸色，都黑乎乎的；看干活的架势，哪一个都像行家里手，一样干得热火朝天，可有劲了。哪儿有副县长啊？分明都是民工啊。

记者问旁边的民工马副县长是不是走了，那民工就大喊一声："马副县长，有人找你！"

一个最像民工的人一边抡锤一边答应了，记者很吃惊地问："您就是马副县长？您在打锤？"

“嗯，打打锤，活动活动筋骨。”

后来记者才知道，马副县长抡锤是一把好手。40多岁的年龄，差不多两个粉笔盒大小的老锤，他一口气能抡120多下，还能抡出花样来，能把锤抡圆了，像一轮圆月，边儿还银光闪闪呢！

“龙宫会妖精”

红旗渠补源工程南谷洞水库还没有完全竣工时，为了灌溉需要提前积蓄了半库水，但倾盆大雨突然下了几天几夜，山洪横冲直撞，咆哮着扑过来，很快就蓄满了。泄洪口放水了，但水面仍在不断上涨。如果水库决堤，不仅工程前功尽弃，还将殃及下游，灾难不可想象，南谷洞水库正经受着第一次严峻考验。

马有金和大家目不转睛地盯着水库里每一寸水面的动静……岸上备足了麻袋等防洪物资。

突然，坝基背面掀起了一个小旋涡——漏水了。

必须尽快堵住，马副县长搬起一个装满沙土的麻袋，扑通一声扔向漏水的地方，水库的干部、民工一个个奋勇搬起麻袋，一包又一包，向漏水的地方投去，可一眨眼就被水吞没了。很快，大家又把一块十米见方的大帆布投进水里，想找出漏水的方位，可洪水怒吼着，一下就把帆布拽走了、吞没了……

必须尽快堵住，可连漏水的方位都不能确定，怎么堵?

“来！让我下‘龙宫’会会这个‘妖精’。”话音未落，老马扑通一声就跳进水库，随即就没入洪水中。

雨仿佛更猛了，山洪咆哮得更嚣张了，旋涡好像更大了，人们的心提到了嗓子眼儿……

不知过了多长时间，坝上的人们再也等不及了，他们缓缓拉动系着老马的绳子，他们小心翼翼地拉，绳子顺利地往回收，再收，终于，老马露出水面了。

“老马！老马！”

人们焦急地看着老马，他浑身伤痕累累，奄奄一息，连话都说不出来。

老马渐渐缓过来了，人们松了一口气，要扶老马去休息。

可是，缓过来的老马猛地站起来，指着水面一个地方："快填塌坑！快填塌坑！就在那儿！"

大家朝着老马指的方位，把一包包装着沙土的麻袋投去，平时需要两人抬的麻袋，今天，在场的每一位干部、职工、民工，都是一人一包，搬起，投进，干脆利落，一气呵成，好像都成了大力士。

关键时刻，人们的潜能都被激发出来了。经过激烈的战斗，水面上的漩涡终于消失了。

赢了！保住了南谷洞水库！保住了下游的村庄！没有给安阳增加压力！没有殃及邯郸、祸及天津！没有株连京广铁路！

安阳地委书记知道了老马入"龙宫会妖精"的事，专程来到林县，对艰苦战斗、无惧生死的老马同志进行了亲切看望和慰问。

老马"龙宫会妖精"的事一时间成为奇谈，广为流传……

教民工"功夫"

马有金什么工作都喜欢研究透彻，自己研究好了就常常"示范"给民工，还总结成好记的顺口溜交给民工，也喜欢在工地和民工比赛干活。

在工地，他发现一些青年锻石技术不过硬，就拿起锤钻熟练地锻起来，边锻边教：

戳直道，手要硬，手软了，钻就崩。

抡高锤，把好钻，不怕石头不好锻。

通过边学边干，很多青年掌握了：紧打青石慢打红，沿边不抬，没底边不切。

掏寨眼的学会了：开口倾斜中鼓肚儿，扫尽底根空开缝儿；咬住钢若不出气儿，三锤下去石开缝。

勾缝的民工都知道：掏缝三公分，上下左右掏干净，随扫随掏用水冲，验收批准才勾缝。

锻料石的民工都会背：石质好，五面净，横顺竖直合口缝。

和泥民工都会说：淋好灰汤选好土，泼层灰汤上层土，闷大堆和好泥，当天不使当天泥。

五、老党员郭增堂修渠

1960年初,采桑公社党委委员、农业助理郭增堂,接到了让他带队参加红旗渠建设的通知。这年,郭增堂已经50多岁了,听到这个消息,他像自己家里办喜事一样高兴。二话没说,卷了卷铺盖就上了红旗渠工地。

除险，干部跟我上!

1962年冬,渠道修到盘阳,被一架高山拦腰挡道,要钻一个长214米、高4.7米、宽6米的隧洞,水才能通过。南采桑、南峪两个大队的民工连分别从东西两头同时施工。

当洞的两头各钻有三十米左右时,南采桑负责的西洞口突然发生了冒顶事故,洞顶上坍下了齐腰深的石方,堵住了施工现场。

郭增堂来到西洞口,洞顶上还不住地往下落石块。民工们提议放弃凿洞改修明渠,但他想到“修渠又修路,少占地,不毁树”的三原则,最后决定:西头暂时停工,劳力集中东头继续钻洞。

次日,他来到了东头洞里,民工虽增多了,却拥挤不堪,人多使不上劲,工程进度反倒不如先前。

他心想,这样下去可不行。难道就不能除险排难,为民工们开辟一个安全施工现场吗?

他召开干部会议商量入洞除险的事。他说,咱修渠就是打仗,我们干部要带头冲上去。指挥部的同事们说,下令吧,你说啥时干就啥时干。

第二天,天还不太亮,一支13人的干部队伍就吃罢早饭,来到工地。

增堂扶了扶安全帽,第一个钻进洞里。接着郭法科,秦永录……一个个也先后进去了。

他们用铁钩勾洞顶上活动的险石,一块块勾掉,又一筐筐抬出。郭增堂的手被磨破了,肩被压肿了,寒湿侵袭着他的身体,他忍着浑身关节的疼痛,坚持不下火线。半个月过去了,清除险石160多立方米,直到为民工开辟出了一个安全施工的环境才走出山洞。

钢打铁铸的人

在修建红旗渠申家岗段时,渠线上清基、备料进行都很顺利,唯有石灰供不上,影响着速度。

就在人们发愁时,明窑烧石灰法像雪中送炭一样,通过红旗渠总指挥部的快报传到采桑公社的工地。郭增堂马上派人前往兄弟公社学习,回来就亲自上马实践。先是和民工们一起抬石头、抬煤,后来就在窑顶上负责铺煤、铺石。

明窑烧石灰,是先点火后装窑。人在窑面上作业,稍不注意就会发生煤气中毒事故。有人劝阻他"你有关节炎,甭去了",老郭却饶有风趣地说:"关节炎怕寒喜热,到窑上一熏、一蒸,比吃药打针都有效。"

秋风阵阵,烟雾蒙蒙。郭增堂和民工们在窑上被浓黑的煤烟包围,煤气直往鼻孔、喉咙里钻。他闭住嘴,仍在不停地工作着。一个小时、两个小时……郭增堂愈来愈感到呼吸困难。当他搬一块石头时,晕倒在窑上了。民工们赶快找医生抢救,并把老郭送回分指挥部。

郭增堂醒来后,就下床走出门外。炊事员李同学看见了急忙拦阻:"医生叫你好生歇着,你咋又起来啦?"

"歇啥哩,又不累。狐王洞、呼家窑还没有清完基,得去瞧瞧。基清不好,就要影响渠的质量。"

"不能去,病没好清,中午饭又没吃,今儿个得在家躺着哩!""煤气中毒不算病,到外边,风一吹,好得还快哩!"说罢,他就往工地走去。

郭增堂这种大无畏的精神,带出一批有勇有智、敢闯敢拼的好干部,也带出了一支不怕苦、不怕死、能征惯战的民工队伍。他们说:"老郭是钢打铁铸的人。"老郭却说:"干部敢下海,民工敢擒龙。"

为了节约,创造了"简易拱架法"

在一干渠修建桃园渡桥时,郭增堂碰到了大难题。

渡桥要飞跨100米宽、24米深的枯河沟。这是红旗渠上最高的一座大渡桥,工程艰险。这位勇于打硬仗、善于打硬仗的指挥员,首先考虑的是,要在高空作业,怎样保证大家的安全。可靠安全的前提是,既要有保险的脚手架,又要有结实的木牛(拱圈用的木架),还要有受用的路架。这就需要既直又长、既坚硬又有足够数量的木料。然而,木料却十分短缺。

总指挥长马有金来到了采桑公社的工地,一见郭增堂就扯上正题:"老郭,你从最节约考虑,算算建这座大桥需要多少根木料,不要宽打窄用。"

在红旗渠工地上,郭增堂是以勤俭出名的指挥员。每段工程开始,从来不多领物料,中间也不追加数字。他常是:能用铁锹别掉的石头,就不用炸药崩,筐坏了能用树皮缠缠使用,绝不让民工领新的。不论在哪个工段施工,工程一结束,都是大车往回交节余下的物料——炸药、抬筐、麻绳等。他领导的分指挥部,是全渠线节约最好、节约数字最大的一个分指挥部。对于这次建桥需要的木料,他心中早已本着节约精神打过谱,大约需七八米长的木杆2000根。现在,老马又叫节省再节省,郭增堂琢磨了一阵以后说:"1800根吧,不能再少了。有一条,还得是8米以上长。"

"为什么?"

"一孔8米跨径,短了不行。"

马有金皱了皱眉头,沉思一会,说:"老郭,给你交了底吧,眼下木料短缺,只有千把根,明天就给你送来。可是,告诉你,一不准截断,二不准用铁钉子固定,三不准损伤木料。桥建成,木料还有用场。"

三个不准,难得郭增堂默不作声。

郭增堂一贯是迎着困难前进的人,是一个在困难面前不屈不服的硬汉子。

修建红旗渠,他碰到过大大小小的困难。每战胜一个困难,就增加一分信心,增添一分力量,人也愈来愈聪明。

事实告诉他,人民群众有无限的创造力。不论办什么事,只要依靠群众,依靠集体的智慧,天大的困难也能克服,什么人间奇迹也可以创造出来。

1962年,钻盘阳洞时,洞内潮湿、漆黑,点煤油灯,烟雾缭绕。由于通风不好,熏得民工们头晕、咳嗽,曾一度影响施工。后来民工想出用镜子借太阳光的办法,终于解决了照明的难题。

1964年，在申家岗建两个涵洞，一反常规，用先拱圈后掏胎的办法，节省了一道工序。外公社说采桑把窍门使绝了，而这窍门，不也是民工集体智慧的结晶吗？

送走总指挥，郭增堂就召开了民工大会。他告诉大家，买一根8米长的木杆，从安阳运到工地，原价加运费是80元一根。100根8000元，1000根8万元，8万元就是80万斤粮食呀！这80万斤粮食够咱全县人民吃一天……

郭增堂的话在民工心里引起了极大的震动，一个群众性献计献策运动被动员起来了。大家三人一堆，五人一伙，边备料边议论，为建筑简便的拱架动脑筋。

夜晚，民工深夜还不入睡，即便躺下，还在想窍门。

郭增堂和民工一样，更是绞尽了脑汁。

终于，技术员秦永禄有一天喜滋滋地对老郭说，能不能用上梁的办法，下面不用木头，用石头支撑，拱架顶上就能省去一根大梁。大家一下子开了窍，如获至宝，马上就研究起来。上头减大梁，下边去柱子，肋条（小木料）由石头代替。

窍门一个个出来了。

可是，这种架法支撑力怎么样，能不能经得起上边的压力？一个拱圈顶有20立方米石头，加上灌浆，民工在上边劳动，压力最小是七八万公斤，切不可鲁莽，需要试验试验。

试验在北头最低的一孔进行。垒砌拱圈时，桥墩周围站满了人。郭增堂一会儿跑到拱顶上瞧瞧，一会儿又跑到桥下听听支架动不动。结果安然无事，拱圈合拢。从此，林县建筑史上的简易拱架法诞生了。

4月21日，红旗渠竣工通水了。郭增堂以特等模范单位代表、特等劳动模范身份，参加了通水典礼。

六、“土专家”路银

1957年，47岁的兰州市铁路局工队长路银回林县合涧老家休假。当时家乡正修英雄渠，合涧区委请路银到工地做技术指导。

在英雄渠建设工地上，他看到了政府修渠引水的巨大决心，看到了家乡人参加水利建设的满腔热情，他想起了因旱灾而饿死的父亲，想起了自己因缺水而背井离乡的过去……

他毅然辞去了铁路局的正式工作，一头扎进了林县的水利建设中。

创造“水鸭子”

在红旗渠的建设中，路银任合涧公社分指挥部的施工员，渠线确定和砌渠岸技术指导是他的主要工作。

那时，全县只有两台水平仪，在指挥部技术科。最初，不少营、连长反映需要测平时水平仪赶不过来，影响工程进度。那天路银正好在场，有丰富施工经验的他顺手掂起房东家一个小板凳，面向下、腿朝上往水盆里一放说：“你们只要在这四条腿之间各扯上两根线，就可以近距离测平，就不需要再等水平仪了。”大家回到工地一试，果然很灵验。

图28　土专家“路银”（魏德忠拍摄）

有了这个灵感，路银干脆叫木匠给自己制造了一个简易“水平仪”。就是将一长两短三块轻质木板扎成板凳状，两块短板顶端刻好凹槽，上扎细线，使用时将盛了水的脸盆架起，把“板凳”倒置于水盆内，通过凹槽即可肉眼近距离确定两点间大致的水平位置了。因为这种“板凳”漂在水上，民工们就戏称其为“水鸭子”。

这种“水鸭子”，虽然简陋，当时却派上了大用场！它不仅大大减轻了测量人员的劳动强度，节省了人力、物力，还普及了科学知识，在各基层民工队培养了自己的“土专家”。

修改专家图纸

在红旗渠二干渠工地上，路银接受了焦家屯渡槽的施工任务后，他一手拿着图纸到山上实地察看施工路线，一边根据当地的地理条件琢磨施工方案。站在焦家屯水库上，他忽然想到，如果按照图纸把渡槽建在水库坝基上，万一不太牢固，一旦大坝沉陷，渡槽也跟着报废，不是劳民伤财吗？他左看右看，左思右想，感觉不妥。可该怎么办呢，他又左看右看，左思右想，想出了一个解决办法。于是，他就赶紧给指挥部建议，绕水库建明渠，在水库上游修建小渡槽，既省工省料，又能保证渡槽坚固。指挥部经过研究，认为他的办法很好，就及时修改了设计，保证了工程的安全和长久。

在渠线选择上，工程技术人员也常请路银到场，虚心听取他的建议。

皇后沟抢险

修总干渠皇后沟大渡槽时，路银几乎没有睡过囫囵觉，整天为工程的质量操劳。

一天夜里，他刚躺下，下起了大雨，淅淅沥沥越下越大。他猛然想起，渡槽的孔眼还被泥土堵着呢。这么大的雨，一旦洪水下来，在河沟里刚刚垒起来的渡槽不就有被冲垮的危险吗？于是，他不管天黑、雨大、风猛，掂起铁锹就往工地跑。

他一边挖土，天一边下雨，一会儿渡槽下的河沟就聚集了半人深的水。

他加快了挖土胎的速度，雨水汗水顺着身子往下流，直到累得吐了血，也没有停。

后来，民工们也提着马灯过来了。人多力量大，终于挖通了渡槽孔，排走了洪水，保住了渡槽。这时，民工们才发现路银吐了血，赶紧把他送进了医院治疗。

1966年，在三干渠竣工通水典礼时，路银被表彰为红旗渠特等模范。

七、天当房，地当床

1960年的正月十五，首批3.7万林县人浩浩荡荡上到太行山修渠，住宿成为一个大问题。沿渠线群众发扬无私奉献精神，千方百计挤出了250多间民房，但依然是“杯水车薪”，大多数人只能因陋就简住山崖，垒石庵，挖窑洞，搭席棚……有的就割一些茅草，躺在石板上，露天住宿了。

修渠人豪迈地说：“蓝天白云做棉被，大地荒草做绒毡，高山为我站岗哨，漳河流水催我眠。”

晚上就住清凉宫

城关公社的民工在上工地的路上，问带队的公社领导晚上住哪儿，领导说：“咱们住在清凉宫。”

“清凉宫?”这名字挺吸引人，大家叽叽喳喳议论开了。有人说，太行山有高欢避暑宫，说不定，哪个山头就修建了个清凉宫呢。

那清凉宫会是什么样的？大家一致认为：名字起得这么好，肯定是又美丽又特别。

有的想象成土坯房组成的院落，冬暖夏凉，背风向阳，红色的瓦顶，洁白的麦秸泥外墙，蓝色的镶砖门窗。

有的想象成一大片的窑洞群！黄土高原的人都是住窑洞，毛主席当年在杨家岭就是住的窑洞呢！可是，如果有，能不能容下我们每个人呢?

大家赶紧问领导，领导爽快地回答：“能住下我们每个人!”

图 29　山崖安家(魏德忠拍摄)

大家满怀期待地走向太行山,走向心中的清凉宫。想想看,白天修渠,晚上住宫殿,夜晚枕着美好的故事入睡,这是多么惬意的一件事情啊。

当大家走到了一个山崖下,在一个比较平坦的石板旁,领导讲话了,说:“同志们,清凉宫到了。”

大家很高兴,左看看,右看看,没有一点宫殿的影子。

领导发话了:“就在这儿住吧。刮着微微的山风,看着明亮的大月亮,太行山给咱站岗,漳河给咱唱曲儿,这不是宽敞又清凉的宫殿吗?”

哦,原来就是露天宿营。

民工们就说说笑笑地在漳河边的这块平地上打地铺，天当被，地当床，头下枕着自己的膀，男的睡左边，女的睡右边，中间有一对夫妻是隔离墙。

民工自编歌谣唱道："天当被，崖当床，青石板上度时光，我为后辈修大渠，水不引回不还乡。"

一夜建成"林红庄"

鸻鹉崖位于林县与平顺县交界处的山西省境内，地势险恶。这里有谷堆寺、鸡冠山、鸻鹉崖三个险峰耸立于浊漳河南岸。修建这一渠段时，县委从报名的15 000人里选出了5 000名精壮劳力，编成15个突击队，开赴鸻鹉崖工地。

从来没人居住的山崖下，呼啦一下来了5 000人，没有村庄和房屋，晚上住哪儿？大家都把问询的目光投向带队的副县长马有金。

老马不言语，叉着腰站到一块山石上，向周围转圈一看，就跳下山石，拿起一把洋镐，走到一个地方，上下左右一番相看，就弯下腰抡起镐头，一镐头一镐头地挖起来。

这是干什么？大家看蒙了。一会儿，反应快的人看懂了，也学着他的样子去找地方了。大家陆陆续续明白了，所有人都自觉行动起来。

仅仅一个多小时，马有金就挖好了一个洞。洞口又小又低，人弯着腰才能爬进去。山上有一人高的黄蒿草，割一大捆回来，往洞里一铺，再把铺盖卷往里一扔。干完这些，马有金拍拍手，说："好，很好。"

就这样，红旗渠总指挥长的住处就算有了着落。

一座座简易的山洞挖出来了，一个个石头床铺好了。有的有席棚，有的没有，一个个铺盖卷相继展开，"家"就安好了。山崖窑洞是袖珍型的，像"胶囊"，像"蛋壳"，不能翻身，不能伸懒腰，不然就会碰住头。能挡一点风，但不能保暖。"石板铺"就宽敞多了，能伸腰能蹬腿，能大翻身，能坐起来，能听到漳河水"哗哗"的歌声，能看见暗蓝色的天空中闪闪的星星。

有了5 000人，修鞋的、补衣服的、捻钻的也都来了，俨然就是一个村庄。

是村庄就得有个名字啊。有的说可以因地起名，大家仔细观察刚刚住下来的这片山岗有什么特色，不看不知道，一看吓一跳，原来这是片乱坟岗子——因地起名这方法不成，总不能叫“乱坟岗子”吧？

大家争来争去，没有统一的名字。后来马副县长一锤定音，说：“这是林县人修建红旗渠的村庄，干脆叫‘林红庄’吧。”大家觉得这个名字挺好，既有特色，还接地气，而且好听好记。于是有人就在一块大大的石头上工工整整地写下了“林红庄”三个字。

领导去开会，回来的时候有人问：“今晚住哪啊？”领导大声回答：“林红庄！”

从此，这个村庄有名了，又因为这里住的是修鸻鹉崖的“精壮部队”，“林红庄”的名字就越叫越响了。今天，石头上的字还依稀可辨。

“鸻鹉崖大会战”胜利结束后，人去村空，“林红庄”就只剩下“房子”了，现在还能看见当年的窑洞遗址、山崖故地。

八、群英激战太行山

在千军万马战太行的修渠过程中，林县人民遇到了一个又一个艰难险阻，克服了各种各样的困难和问题，创造了一个又一个传奇。

“苦干加巧干”，闯过仙女峰

红旗渠总干渠通过的仙女峰可没有仙女的温柔，它壁立万仞，石质坚硬。

河顺公社分指挥部指挥长刘银良来到施工地点就和施工员郭维仓攀到山腰实地考察，发现这里的石质好，有几道平缝，决定用炮崩出个大哈檐，让渠穿过去。

他从各连队抽出灵活精壮劳力，腰系绳索，从山顶上放下来，在既定的渠线上打炮眼。

一天傍晚，沸腾的山谷宁静下来，劳动了一天的人们回到了住地。这时候，刘银良在仙女峰上飞快地奔跑，手里拿着一把香火，迅速地点燃着一根根炮捻。

刹那间，仙女峰上腾起缕缕尘烟，“轰——轰——轰”，一连37声炮响，震得大山颤动，漳河发抖。

人们一个个走出了石崖，跨出了草棚，站在河滩里，下工前还望不到顶的仙女峰，现在矮了半截子。在仙女峰的半山腰里有了一条隐隐约约的渠线。

3000多民工隔河住在马塔村，需要过河去施工，他们在河中架起三座木桥。说是桥，也就是三四根木梁并在一起，两头搭在石头上，下边过水，上面走人。

几天后河水涨了，三座桥被河水冲走两座。社员要来回过河，大量的施工物料要通过一座桥运过河，影响施工进度。这时，河顺公社正和城关公社展开对手赛，优胜红旗在河顺工地迎风飘扬着。为了保住优胜红旗，确保汛前完成任务，怎么办？

架天线。

就是在漳河上空，架上一条空中索道。这在大型水利工程上并不稀罕，可在“土法上马”的红旗渠工地，要把一根拇指粗的钢索，通过五百米宽的漳河，架到几十丈高的仙女峰，确实是一件难事。

架线一连进行了三天，试验了六七次都没有成功。不是钢索掉到河里面，就是系着钢索的木桩被拉断。最后费了好大劲才把钢索从北岸架到了仙女峰。可东西拉不上去，拉一桶水比担水还要费力。为了减轻民工拉空运线的劳动强度，大家想到了水打木轮驱动水磨的原理，就引用空运线当动力，试做了一个大转盘。这样，拉起东西来轻巧多了。

紧接着在全营推广这一革新办法，架起11条空运线。一桶桶水，一筐筐石灰，一块块石头，通过这11条空运线从浊漳河北岸运到渠线上，大大加快了施工进度。

这些年轻的突击队员们，苦干加巧干，两天任务一天完成，带动了整个工程的进展，提前完成了总指挥部交给的施工任务，使大渠顺利地通过了仙女峰。

河顺公社分指挥部以“苦干加巧干”先进营，连连夺得优胜红旗。

图 30　劈开太行千重山(魏德忠拍摄)

打通王家庄隧洞

红旗渠总干渠必须从王家庄村村下凿隧洞通过。

凿洞遇到的第一个难题是当地干部和群众心存顾虑,平顺县曾经发生过“车当事件”:车当村地处土坡上,1953 年汛期下大雨,洪水钻到村底下把土浸为泥浆,发生土崖滑坡,车当村几十座院落滑下漳河。王家庄也是在土丘上,要在村庄底下修一条大渠,渠水川流不息。如果渠水入渗,人们害怕重演“车当滑坡事件”,一部分人还怕修洞时毁地毁房。

为使大渠顺利通过村庄,经与当地干部共同到山上巡视,多次协商研究,确定开挖隧洞时,遇到石层,只放小炮,不放大炮。开挖后,采取高标准衬砌防渗措施,料石砌墙券顶,用混凝土铺底,并反复向王家庄的群众说明这个设计方案的科学性和可行性。当地党员、干部、群众顾大局重友谊，表示即便牺牲自己一些利益，也要支持林县人民修红旗渠。

姚村公社400名民工承担了这一艰巨任务，开工4天后，发现洞内孤石淤土掺杂多变，易坍塌，不可放炮。总指挥部工程技术指导股副股长吴祖太，多次实地考察，及时将原设计的单孔“口子”洞改为双孔“鼻子”洞，缩小隧洞跨度和断面。

1960年3月28日下午收工时，吴祖太听说隧洞内土壁有裂缝，放心不下，不顾吃饭，与姚村公社卫生院院长李茂德到洞内检查，不幸被塌方夺去生命，以身殉职。

所有参战民工都为开工伊始就失去这两位好干部难过万分。总指挥部为此召开追悼大会，时任县委书记处书记、红旗渠总指挥部总指挥周绍先主持追悼仪式，大家泪流满面，为这两位早逝的同志送行。

分指挥部指挥长郭百锁愁得吃不下饭，夜里翻来覆去睡不着觉，心想隧洞才刚开工就出现伤亡事故，今后怎么干？他懂得一个指挥员在这个关键时刻，自己的精神状态十分重要。为了稳定情绪，鼓舞士气，他抖起精神，召开民工大会，组织大家学习毛主席的《为人民服务》，领着齐声朗读：“要奋斗就会有牺牲，死人的事是经常发生的……为人民利益而死，就比泰山还重。”他提出要学张思德、吴祖太、李茂德的革命精神，大家把隧洞起名“安全洞”，发誓不打通安全洞决不收兵。全体民工化悲痛为力量，前仆后继，投入挖洞的战斗。

为加快进度，又从中间增设了4个竖井，加上两头的洞口，扩大为20个施工面，一齐劈挖。劈出来的土，多得没地方堆放，若倒在洞口近处，近处都是民房；若往远处抬，过街穿巷要拐四五个弯，跑300多米才能送出去。工地修配厂的共产党员杨发生在分指挥部领导的支持下，和大家研究设计出铺设转盘轨道、使用木制罐车运土的办法，8个洞口铺设8条总长3100米的轨道，罐车在轨道上面飞跑运土，工效比原来人抬肩挑提高了数倍。

同时采取凿进一段、券砌一段的方法，工程进度既快又安全，仅4个月时间就完成了这条长243米、每孔跨径2.5米、腿高3.25米、起拱1.25米的穿村隧洞。

虎胆英雄战虎嘴

林县泽下公社马兰大队和碾上大队、沟窑头大队在上渠前被指挥部编成一个营，由马兰大队王磨妞担任营长，群众称他是“虎胆英雄”。

指挥部把老虎嘴这一段渠任务分配给王磨妞营。王磨妞当即领着两个技术员去考察老虎嘴。三个人手扒着石缝，像壁虎一样一步一步地向老虎嘴上攀爬。老虎嘴确实艰险，上边 40 米高的半截山，伸向漳河上空，下半截是 50 米刀削般的悬崖陡壁，中间山崭只有 0.7 米宽，人在上边走，要一步一步扒着石缝往前攀缘。他们攀缘了半天，才登上了老虎嘴。往下一看，好玄，悬崖之下漳河滔滔。

三个人坐下来，讨论怎样分配工程。王磨妞说：“老虎嘴 103 米由马兰大队担下，其余 300 米由你们俩队担了。”

第二天天一亮，民工们早早来到了工地。

马兰大队民工一看是老虎嘴，有的说：“这要掉下去就摔成肉泥啦。”

王磨妞说：“革命就得不怕死，老虎嘴虽险，再险它是死的，人是活的，只要有革命胆量，就敢撬开老虎嘴，架起红旗渠。”

要从老虎嘴里把红旗渠修过去，就得往里开 8 米宽、9 米高的一通道，然后才能在上边修渠。工程开始后，王磨妞和民工们一起，腰系绳索，手抡大锤，在悬崖上打炮眼。可是，老虎嘴上是花岗岩，石质特别坚硬。民工们打半天，钢钎打断一根又一根，才打一个核桃大的小坑。他们就决定把老虎头炸掉！

王磨妞和技术员宋景山、王元锁从老虎嘴上边的“鼻梁”爬上去，查看打炮眼的地方。他们上去后，经过查看，终于在老虎嘴里找到了一层比较软的岩层。于是，他带领 30 名身强力壮的青年，把行李背上老虎嘴。经过半个月的苦干，终于打成 5 个 5—7 米深的炮眼，装炸药 500 公斤，一声巨响，老虎嘴炸开了。

这一春雷似的炮声，震得人心花怒放。可是当民工走近老虎嘴时，只见山风吹着活石头，时不时就往漳河里掉。要施工，就得下崭除险！

王磨妞挺身说道：“我下！”他的话音刚落，宋景山、王元锁等许多青年也站出来,几个人拉着一根绳争执不下。最后,王磨妞说:“你们都不能下,我下!因为下崭咱没经验,一不小心就有生命危险。我是共产党员,在困难面前我有优先权!”说着,他把绳在腰里结好,然后蹬着峭壁,便一悠一荡下崭了。他用撬杠撬掉了老虎嘴上的活石头,滚石声呼呼噜噜直响,在漳河里激起了高大的水柱。

险石除完,他又带领民工一起砌渠垒岸。

经过几个月的苦战,老虎嘴终于被征服了,那滚滚的漳河水,从老虎嘴流向林县。

架通林英渡槽

山西省平顺县石城公社克昌村附近是一道顺山而下的干河沟,红旗渠要通过,必须在此处建一座长 15 米、高 21.3 米的渡槽,仅垒砌石方就需 2 000 余立方米。这在山西境内的总干渠上是“首屈一指”的渡槽,就命名为林英渡槽。

合涧公社党委副书记、社长、分指挥部指挥长刘章林接到任务就和施工员盘算着:石头、沙子不发愁,可以就地取材。垒砌石灰需 5 万公斤,加上全社渠线上垒砌任务,共需烧石灰 55 万公斤。按一窑烧 2.5 万公斤计算,得烧 22 窑,仅建窑就得误很多工,他发了愁。

听说本社郭家园大队过去开过石灰窑,就找来连长高志山和烧石灰匠宋改林求教。宋改林说:“我们修英雄渠时,曾用明窑堆石烧石灰,一窑能烧 5 万公斤。现在修红旗渠,工程大了,咱思想再解放一点,一窑烧出 25 万公斤来,但你必须答应我一个条件。”刘章林急忙说:“请讲!”宋改林说:“三个充足供应:煤充足、石头充足、劳力充足。”刘章林说:“都依你!”

第二天,高志山兵分三路,有准备石料的,有推煤打煤饼的,有选烧石灰场地的,人人忙得不亦乐乎。过了五天,石料备的似小山。开始点火装窑,几十个人放煤饼的放煤饼,上石料的上石料。最后,用麦秸泥把大石堆封住。烧好后,揭掉麦秸泥封皮,洁白的石灰露出来,一估算,足有 30 万公斤。

刘章林拍着高志山和宋改林的肩头说:“奇迹出现了,你们为建渠解决了大问题,我要向总指挥部给你们请功。”

有了大批石灰，垒砌时需要大量的水。他们又群策群力用油布缝成450米长的管筒，从400米开外将泉水引入渠线，解决了建渠和泥、灌浆用水问题。

林英渡槽垒砌速度很快，仅50天时间，于1960年8月1日就建成了。

九、后方支援协奏曲

在红旗渠工程施工中，总指挥部各股室之间，分工协作，互相配合，不仅修渠民工之间实行“全县一盘棋”，各公社各大队团结协作，互相配合，县直和各社直有关部门及各行各业，同心协力，拧成一股绳，服务修渠中心，全力进行支援，前方有求，后方必应，成为红旗渠建设的坚强后盾。

引漳入林刚开工，兵马未动，粮草先行，总指挥部工交邮电股首先配合2万名筑路大军，苦战三天三夜，完成了任村至渠首40公里简易公路建设任务，保证建设物资运输按时到位。同时，抽调17辆汽车、10台拖拉机和190辆畜力汽马车为骨干，组成运输专业队，仅第一期工程就完成货运量达3.8万吨。县“八一”拖拉机站站长、总指挥部工交邮电股副股长李占文、李皂邦负责运输，啥时要物料啥时到，有力地服务了后勤供应。根据工程进展情况，及时架设和转移电话线路，设立流动邮递服务站13个，安装总机4部、单机25部，架设电话线路总长145公里，保证了前后方的联系，服务了前线指挥。

物资供应股为保证工地物资需要，共建立随军商店22个。在1960年各种物资最紧缺时，仅半年就设法供应炸药90.5万公斤，导火线2.5万米，雷管63万个，炮捻63万根，八磅锤2.8万个，镢头17万把，铁绳2.2万条，铁锹1.2万个，钢钎3.4万个，帆布棚433块，苇席1.1万顶，抬筐1.9万个，各种麻绳1.75万公斤，食盐47.5万公斤，煤1 250万公斤，总价值454万元。财粮股积极筹措资金，供应调剂粮食，力求不耽误工程需要，保证民工生活。

县医院紧密配合中心，派出医德好、技术高的医生侯林（合涧公社合涧大队人）、李金宾（河顺公社上坡大队人）、李青兰（女，河南南阳人）、尚克元

（采桑公社狐王洞大队人）等到工地服务，他们不怕条件艰苦，在工地搭个工棚就是“战地医院”和“手术室”。总指挥部领导多次表扬说，李金宾医生是个模范共产党员，是白求恩式的医生，工作积极负责，不讲任何条件，把心完全倾注在医务工作上。一次采桑营下川村两位民工受重伤，不省人事，李金宾为伤员进行人工呼吸抢救。这些医务人员夜以继日地深入工地和民工驻地巡回治疗，除医治好 1 350 余名轻重伤员外，还为当地群众服务，治愈了许多患病人员，受到群众好评。

全县各条战线和各行各业争相支援，前后方担子共同挑。当地商业局、物资局、工业局等各部门，都指定一名副局长专职负责红旗渠施工服务工作，经常到工地问所需，赴城市跑货源。林县大众煤矿动员职工加班加点，节假日不放假，多出煤，出好煤，支援红旗渠建设。“八一”拖拉站、交通局在车辆少运输量大的情况下，多拉快跑，昼夜赶运物资。县邮电局派出得力技术人员到工地架设指挥通信线路，培训话务人员。县商业局局长刘友明在物资紧缺的情况下，把县供销合作联合社的重要物资仓库直接建立在红旗渠总指挥部盘阳村，应急物资供应，确定得力的采购人员到外地重点采购施工所用物资，还动员县联社和基层供销社组成货郎队深入工地，供应民工日常生活用品。县直机关厂矿的干部、职工主动拿出篷布，从床上揭下 5 000 张席子，送往工地搭席棚。林县服装社动员职工向红旗渠民工献爱心，晚上加班加点赶制手套、垫肩，无偿支援工地。县豫剧团和电影队经常深入工地进行义务演出，鼓舞民工斗志。陵阳机械制造厂向红旗渠做贡献，无偿送大锅 100 个，水桶 200 双。在林县工作过的老领导、部队老首长、林县南下干部都成了支援者，他们伸出友谊之手，努力为家乡建设做贡献。在粮食最短缺时期，县委派刘德明（采桑公社舜王峪大队人）长期住在福建省漳州市龙溪地区，向解放战争时期林县南下干部张金堂（小店公社流山沟大队人）、傅四有（东岗公社后郊大队人）、罗全贵（合涧公社东山底大队人）等领导求援，他们四处奔波，为红旗渠民工采购了大量的木薯干；到湖南省找省委领导人万达（临淇公社孔峪大队人），到广东省找省委负责人赵紫阳（河南省滑县人），帮助筹集了一批碎大米，为红旗渠民工生活解决了很大困难。还让原红军团长顾贵山（原康公社下园大队人）和军队转业干部等到部队找老首长老同事，到安阳钢铁厂找党委书记、曾任林县县委书记的董万里，批给了施工中急需要的钢钎等。中国人民解放军9890部队和驻豫部队，利用在林县进行汽车拉练和培训之机，给红旗渠工地拉煤、送水泥等施工物料。河南省水利厅第二机械施工队、洛阳矿山机械厂、安阳钢铁公司、中共安阳市委和市政府、安阳县政府、安阳汽车运输公司、白壁棉站等及全国各地都伸出友谊之手，在各方面给予了很大的帮助和支持。

十、林、平友谊一家亲

河南省林县和山西省平顺县，虽然分属两个省，但一座太行山相连，唇齿相依。不仅地理近，语言都属于一个体系，文化风俗相似。历史上来往密切，友谊深厚。抗日战争时期，都属于太行五分区，都是革命老区。

红旗渠建设之初，正是国民经济困难时期，林县家底很薄，又要跨县干那么大的工程，一下子涌上去3万多人，住地、生活及修渠占地、出碴、砍树、放炮、崩山等遇到很大困难，平顺县石城、王家庄两公社党委、政府及沿渠大队党支部帮助做了大量的协调工作，他们以全国一盘棋的思想，伸出友谊之手，让土地，腾民房，找仓库，盘锅筑灶，问寒问暖。

林县的建渠大军，坚决执行“三大纪律、八项注意”，尊重当地风俗习惯，爱护田苗，谁家的房子破了就主动修好；谁家有了病人，总指挥部医院就及时派医生出诊上门治好。原来，林县至平顺县仅有一条小土道，不能通车。修渠先修路，林县出动劳力放炮崩山，推石垫路，修通了林县盘阳村到平顺县石城村的公路。从那时起，两县开始通了汽车。后来，又帮助王家庄、青草洼等村修建了横跨漳河的大石桥，使汽车也开到村里，男女老少皆大欢喜。修建红旗渠总干渠时，还给两公社沿渠11个村留放水闸24个，帮助建引水倒虹管7处，提水站7处，受益面积3500余亩。石城公社还在总干渠二号泄洪闸处建了水电站。原来守着漳河种旱地，从山上下漳河挑水吃，生活很苦的村子，自从修了红旗渠，漳河两岸旱地变成了水浇田，种上了水稻，旱涝保丰收。

在施工相处的日月里，林平两县的友谊更深厚了。1960年2月《林县报》的两篇报道可以印证，可见下文。

林、平友谊亲如一家（节选）

修建引漳入林总干渠的民工，有一半住在平顺县。他们生活得怎么样呢？最近记者特地到平顺县石城公社的克昌、东庄、王家庄、石城、马塔等民工住地走了一趟，碰到许多民工，不论是男的，还是女的都这样对我们说："回去给家人捎个信，就说我们在这里和在家一个样，当地党委和群众照顾得非常好，天天吃得饱，住得暖，干起活来高高兴兴的。希望家里人加劲管理好麦田，抓好春耕生产。"

从他们的谈笑和干活来看，真是活泼愉快。同时，他们的吃、住生活确实好。当记者在王家庄访问时，许多民工都感动地说："在没来之前，王家庄管理区党支部就抽出管理区主任王国英到处找房子，打扫屋炕，领导着社员糊窗户，光这一个村就腾出230余间房。当民工到村那一天，管理区的干部和群众更是热情招待，烧水、找柴，拿出米、面、菜，让民工们做饭。"住在克昌的东岗公社民工更感动地说："克昌许多群众都拿出席子、铺草和毛毡让民工们铺，白金昌老大爷还拿出自己家的枕头让民工枕。社员白启文一家腾出楼房，而自己去住不好的房子。"王家庄是有名的缺水缺柴的地区，吃水要到三里远的陡岸下的漳河去挑。但当修渠民工们到庄后，他们都争着给民工们烧水。为了怕民工们路上劳累，夜晚受寒，许多房东都用自家的木炭，给民工们生火盆取暖。他们说："如今在共产党的领导下，天下人民是一家，林、平两县就好像亲兄弟，修引漳入林渠，这是大家的喜事，应当互相帮助。"在石城、东庄、豆口等地也是同样，民工们到处受到当地党委和群众的关怀和照顾。

山西王家庄见闻（节选）

"林平两县一家人，互帮互助情谊深，同心携手搞建设，党把万心结一心。"这是流传在王家庄群众和我县工地民工中的一首歌谣。

王家庄是平顺县石城公社的一个较大的山庄，在这里住着1 800余名修渠民工。相隔百余里的两县群众，虽然是初次相居一处，但从他们的相处关系上看,却如同故友,亲如兄弟。走到工地和村内时,到处都可以听到那歌颂两县群众亲密相助的诗歌,碰到那些友谊动人的场面。

友谊充满王家庄——

1960年2月11日傍晚,当林县民工一走进王家庄村,王家庄的干部和群众真像久别的亲人一样,又是烧水又是做饭,双手拉着民工问寒问暖,炊事员王世现、王建先,司务长王德现等还硬拉民工到火旁取暖,并亲自捧着开水到民工面前。特别是那些老大爷、老大娘和妇女们,更是忙着给民工们收拾住地。当晚,全村庄不仅腾出230余间房子,而且打扫得干干净净,许多群众还抽出自家的炕席、铺草,有的还拿出毛毡、毛毯,把屋炕铺得热腾腾、暖和和地让民工们居住。饲养员王增礼高兴地说:"如今共产党领导全国人民都是一家,林县修渠搞生产,也是为了建设社会主义,咱绝不能当外人对待。"他将自家的三间楼房腾出外,又腾出五间草房让民工们住,而自家五口人,却搬着铺盖到马棚睡觉。民工们看到这种情景,都非常感动,许多人都忘记了身上的劳累,夜已很深了,还和房东在欢乐交谈着。

珍贵的礼物真诚的心——

2月14日中午,我们在工地临时医疗所里还听到这样一个动人的故事:

在上工途中,由于路远山高,李茂德得了感冒,当他到达王家庄后,就病倒在床。这个消息不知怎么就传到了王家庄管理区王国英的耳朵里。他随即从家里把亲戚来看望他的礼物——一串油条,拿来慰问病人。王主任还没有出门,接着又有几个群众来探望,有的还提着面粉,房东王大嫂更是忙着烧汤、送水,让病人出汗。民工们看到好多群众拿着礼物来探病,都一一谢绝,但王家庄群众却一定要民工留下,结果推来推去,最后还是喝了房东做的香汤,才算合了心意。

我们从医疗所出来,又进了王家大院。一进门就听到几个女民工拉扯着要去看王大嫂,我们还以为又是哪个女民工染了病,但一打听,才知道她们说的是房东王大嫂有病。当我们走到她的屋内,见姚村公社申家岗大队的一个叫郭美琴的姑娘早已跑来照顾病人了。这位王大嫂家中有四口人,男人也去修电站了,家中留下她和两个孩子,得病后无人照料。当女民工郭美琴看到这种情况后,便主动跑来问候,她不仅上工前、下工后、早上、晚间经常照料病人喝汤喝水,而且还把住地的医生请过来给王大嫂看病。当我们和病人谈起这件事情时，她激动得两眼闪动着泪花。我们听了和看了这些动人的事情后，非常高兴，都情不自禁地为祖国这种蒸蒸日上的新的社会风气和新的道德风尚而欢呼歌唱。

十一、工地上的奶妈

1960年春节，范土芹23岁，一年前刚结婚，生育了一个刚满八个月的男孩。听县里动员赴山西修渠改变家乡缺水面貌，她高兴得不得了。安置妥当家里，和姚村营西丰连的8名妇女把铺盖卷往汽马车上一扔，上了工地。

婆婆抱着小孙子来向出征的队伍送行时，她舍不得离开自己的孩子，鼻子一酸，泪水流了下来。

当天晚上就到达了山西省平顺县白杨坡村，村子对面南山上是他们的施工渠段。她们被安排到一户人家的旧驴圈里，住地很潮湿，连铺草也没有。她们就用一些破席片垫铺盖卷，大家背靠背凑合了一宿。第二天，到山上去割来了干茅草，回来垫了垫，算是有了窝。

在动员会上，分指挥长郭百锁说，我们出了门不比在家，在困难面前大家要经得起考验，工地上大显身手。白杨坡的群众给了大力支持，帮着找房子、盘灶火，必须与当地群众协调好关系。

范土芹的房东大娘叫喜先，四十来岁，家有四口人：丈夫、一个闺女，还有刚抱养的一个才出生半个月的小男孩毛毛。毛毛的亲娘得病去世了，养母又没奶喂他，天天嗷嗷哭，怪可怜的。

有一天，范土芹见毛毛面黄肌瘦，胳膊腿细如干柴，不自觉地就抱过来亲了亲他。毛毛的小手胡乱抓住她的衣服直往怀里钻，她下意识知道小孩非常饥饿，想找奶吃，就本能地解开怀，将奶头塞进了孩子嘴里，小孩不哭了，急切地吮吸起来。因为她的孩子才8个月，来修渠前也还吃奶，她还有奶。房东大娘说：“毛毛可遇上救星了，我正为孩子吃不上奶发愁呢！求求你，你就给他当个奶妈吧！”范土芹心地善良，也没有推辞。就这样，范土芹白天上山去修渠，中午和晚上下工后就先给毛毛喂奶，当起了孩子的奶妈。

范土芹给毛毛喂奶时，看着小孩子的脸庞，就忍不住想起自己的孩子。范土芹很想念她的孩子，愈想念就愈加珍惜当前这个当“母亲”的机会。

在那个困难年代，房东大娘见范土芹吃不饱，就尽能力把家里晒的柿块、柿皮弄出来让范土芹填肚子。有时也会熬些稀粥或面糊糊让范土芹补充水分和营养，增加奶水。

一次，孩子着凉感冒，高烧不退，晚上老是哭闹。大娘没法子，就把自己干瘪了的奶头塞到毛毛嘴里哄孩子，可孩子吸不出奶水来，继续哭闹起来。半夜里范土芹听小孩一直哭，心里很着急，便披衣起床，把小孩抱过来喂奶，和自己躺到一个被窝里。孩子吃着奶慢慢睡着了。

在一起时间长了，毛毛特别喜爱范土芹。范土芹一下工回到家里毛毛就向她扑来，好像范土芹真是他亲娘。房东大娘高兴地给街坊邻居夸奖说，俺家住的土芹心地真好，白天去上工，晚上还要给俺奶孩子，其他几个妇女也经常帮孩子换尿布，林县来修渠的人真叫人感动！

工地分指挥部听说了范土芹的事，就表扬她给林平两县友谊增了光添了彩，要求多给她提供方便，让她早点下工回去给小孩喂奶。为增加奶水，伙房每天还让她多喝点稀饭。

4 个月过去了，毛毛由原来的黄皮寡瘦变成了“小奶光崽”。

在接受新的修渠任务离开时，范土芹最后一次给毛毛喂奶，毛毛的小手抓住她的衣襟不愿丢开。范土芹只觉得心里堵得慌，好像那次离开自己的亲生骨肉一样，眼泪顺脸流下来。房东大娘抱着孩子一直送到村口，范土芹回头看时，大娘也在不停地擦眼泪。

十二、清廉工作成样板

红旗渠工程历时 10 年，总投资达到 7 000 多万元。如此庞大的工程，没有发生过一起请客送礼挥霍浪费的情况，没有发生一起严重的贪污或挪用资金事件，没有出现过一次严重的干部失职渎职现象。工程完工后，各种支出收入数据，有整有零、清晰可查，是一个廉洁工程，为今天的廉政建设提供了具有历史价值和现实意义的标本。2010 年，红旗渠纪念馆被中央纪委、监察部命名为全国廉政教育基地。

红旗渠修建十年间，各种管人、管事、管权的制度、纪律规定相继出台，环环紧扣、压茬递进，相互作用，扎成了严密的笼子。在红旗渠工地上，对物资、资金、粮食实行严格的制度化管理，严防贪污浪费、多吃多占。对于粮食和资金补助发放时，实行严格的“两查、三对照”，“两查”：即查出勤表、伙食表、记工表，查伤条、病条、请假条、勤务条；“三对照”：粮款对照、款数和工数对照、领条和表对照。由于手续极其严格，执行特别严厉，虚报冒领、从中渔利的不良行为便无法滋生。对于物资的管理也有一套严密完整的手续，炸药、雷管、导火索等消耗性物资实行定量包干、超用不补、节约提奖，抬筐、麻绳等则以旧换新。钢钎等半固定性工具，实行合理消耗，如无故超损的要折价赔偿。铁绳、胶木车等固定性工具，实行保本保质，无故损失的要按有关规定赔偿。爆破石头的炸药都是定量有数的，炸药使用量的规定从 2 两到 6 两不等，爆破队员要根据需要爆破石头密度的不同适量选择炸药的数量，因为规定的原则是鼓励节约，超用不补。

这种严密的管理制度做到了出入有手续、调拨有单据、提物有证据，月月清点有对照，真正实现了靠制度管人、管权、管事、管物、管钱。

红旗渠纪念馆的展柜里，至今保留着几张票据。一张 1963 年 4 月 29 日开具的发货票证显示，当时购买了一批 125 根的钢钎，总价为 375 元；另一张某集体伙房的账单显示，“天 1 561.5，粮 2 342.25，款 624.50 元”，若是认真查询对照，可轻易算出当年的人均消耗是多少。正是靠这些严密的制度来管粮、管物、管钱，才从源头上预防和杜绝了腐败。有学者指出，把纪律作为标尺，依靠制度管人、管事、管权，早在60多年前的红旗渠建设中就得到了生动的贯彻。

当然，执行是制度的生命力，违反了制度不问责，制度就失去了存在的意义。红旗渠修建十年间，没有出过一例严重的贪污腐败案件，严格的制度执行、严肃的违纪问责是重要保证。据有关资料显示，1960 年 5 月，为了支援修渠前线，林县县委号召县直机关干部职工捐衣捐物，从县直单位抽调一部分同志负责收集。那时候大家都特别困难，捐献的衣物几乎也都不是新的。从商业局来的一个负责收集衣物的共青团员，从大家捐献的鞋子里挑选了两双比较好的据为己有，后来受到了开除公职和开除团籍的严肃处理。

对照现在的案件，可能很多人觉得不可思议，因为两双旧鞋就被开除公职和团籍，问责力度也太大了。但是，当时的情形就是这样，不管多小的事情，只要出现违反规定，都会受到严肃的问责。当然，这样的例子在红旗渠工地上极其少见。红旗渠工地上的各项纪律、制度的执行从细处入手，向实处着力，一环紧着一环拧，一锤接着一锤敲，既要叫板，也要较真，发现问题查处到位，积小胜为大胜，以量的积累促成质的提升，最终确保了红旗渠的成功修建。

十三、一只炸药箱的故事

在红旗渠纪念馆展厅里，陈列着一只当年修渠时的旧炸药箱，炸药箱的盖子上还贴着一张收据。为什么箱子上要贴上“收据”呢？

这只炸药箱的主人是彭士俊。

当时，在红旗渠工地，物资奇缺。总指挥部的工作人员随身带着一些物品，像钱款、粮票、手表等东西只能放在地铺上。

仓库里放着一些废弃不用的空炸药箱，其他几个人都想买来盛放自己的私人物品。彭士俊年龄稍大，有威信，几个年轻人就找到彭士俊，让他给领导反映反映。

那个时候的人，光想着工作，可不愿意给领导讲个人的私事。过了一段时间，他找了个机会，给当时的指挥长马有金反映了这件事。马指挥长沉默了一阵儿才说道：“中，就这一回。”彭士俊悬着的一颗心才放了下来。

财粮股的人以质论价，每只炸药箱作价 7 毛 3 分钱。总指挥部的王文全、新法栋、李用书等都掏钱买了一只炸药箱，财粮股还给他们每一个人开了一张收到钱的收据。

彭士俊怕别人说闲话，也怕以后说不清，就把收据粘在了炸药箱的箱盖背面。

在工地上，他一直用着这个炸药箱，用了好几年。再后来，红旗渠纪念馆征集资料实物时，他就把这只箱子捐给了红旗渠纪念馆。

十四、自力更生突破创业瓶颈

红旗渠动工后，资金需求越来越大了。虽说采取队出劳力，按受益面积摊工，民工自带口粮、工具，但购买炸药、钢钎却需要大笔资金。

林县人多地少，历史上就有外出谋生的传统。杨贵和社队干部商量，发挥自身优势，外出搞建筑赚钱修建红旗渠。1963年，县委抽调了30余名社队干部成立林县劳力管理组，在有关城市建立驻外办事处。由大队组建工程队，全县共组织了31000人，到全国一些城市承揽工程，劳动收入90%归集体，10%归个人，交2元得一个劳动日，参加集体分配。当年，外出建筑业的总收入，有效地弥补了建设资金缺口。

烧石灰需要大量煤炭，大众煤矿党委书记刘章锁与县委立下了军令状，工人们节假日不休息，大年初一创高产，保证了工地煤炭的供应。

工地需要大量水泥，县里在曲山村兴办了水泥厂。当时的设备极其简陋，土炉烧结，人工搬石，碾轧料，土箩筛选，自制的水泥源源不断地供应红旗渠建设。红旗渠工程共用水泥67050吨，自己制造了50700吨。

工地开渠需要大量炸药，县里办起一个炸药厂。生产队便多积有机肥，省下拨给的硝酸铵，配上玉米、锯末、干牛粪碾制成炸药。当时买1公斤炸药1.6元，自制炸药每公斤0.45元。红旗渠共用炸药2740吨，自己制造了1215吨。

自己不会制钢钎，民工们就在节约上想办法，长钎磨短了，就当小撬用，小撬磨短了，就捻成手把钻，手把钻磨短了，就打成破石头的砦。总指挥部组织了修配厂15个，165盘烘炉，日夜维修打造工具，修治各种工具38万件。那时，买一个锤子要2.5元，自己打一个才0.2元。买一把镐要8.06元，自己打一把才2.23元。抬杠、镐把就地取材，从山上采伐，抬筐、车篓用量大，易磨损，民工上山割荆条自己编。

建渠需要大量石灰，太行山漫山遍野是石灰石，自己建窑自己烧，建石灰场地100多个。建造林英渡槽时，需要石灰55万斤，按传统烧法需要烧22窑，分指挥部刘银良和民工们共同研究，发明了“明窑堆石烧灰法”，一窑能

图 31　人工搬石(魏德忠拍摄)

烧几百吨,甚至上千吨。其方法是:把煤粉打成煤饼,一层煤饼一层石头,层层煤饼和石头堆起来,外围用麦秸泥封上缝隙,保持内部的高温。这样,石灰就可以烧成了。而且只要有场地、有煤、有青石,烧多少石灰都可以,消除了烧石灰受场地影响、定点定量烧石灰的弊端,解决了修渠大量用石灰的困难。

图 32　工地上的铁匠炉(哈里森·福尔曼拍摄)

姚村公社的烧石灰能手范景库，家住北杨村，西边是红石山，东边是青石山，从小就以烧石灰为生，在修渠工地上，他以60岁高龄坚持奋战在工地一线，无偿地把烧石灰的技术传授给各施工单位。

正是由于充分发挥了立足自力更生、不忘外援的指导方针，基本上确保了工地的正常施工。红旗渠工程建设总投资6 865.64万元，其中国家投资1 025.98万元，占总投资的14.94%；县、社、队三级自筹资金5 839.66万元，占总投资的85.06%。

第四章

青春之歌

红旗渠，是林县人民自力更生、艰苦创业的一座丰碑，也是林县青年用“洪荒之力”谱写的一曲荡气回肠的青春之歌。

修建红旗渠的领头人是一位当时三十出头的年轻县委书记杨贵，红旗渠的勘探设计靠的是青年技术员，修建红旗渠的主力是青年，修渠人百分之八十是青壮年，五分之一是女青年，有学生6010人。当年28岁已经怀孕2个多月的孕妇王合英踊跃上渠，在工地上半工半学的“学生营”“教师营”遍地扎根，连放学的小学生有时间都要背一块石头送到工地，他们的青春在红旗渠上放光。

红旗渠的重要工程是青年突击队完成的，渠首大坝在董桃周等青年人站立的人墙面前合龙，青年洞在郭福贵、桑济周、郑国现等青年人的一锤一钎中一点一点凿通，鸻鹈崖在任羊成等青年们的除险钩下放渠水流过，空心坝、桃园渡槽、红英汇流等著名建筑也在青年们的智慧和汗水中诞生。

红旗渠也记录了青年克服困难战胜大自然的牺牲和汗水，年轻的技术员吴祖太和46名青年(共81名烈士)永远地长眠在了修渠工地；任羊成的4颗门牙和十几名重伤员的手臂、腿、耳朵，与无数青年的汗水一样永远留在了太行山上。

青年修渠人也在修建红旗渠的过程中茁壮成长，有的在工地入党入团，有的在工地上恋爱结婚，更多的人在红旗渠上锻炼了意志，形成了坚强的品格，还学会了技术，成为石匠、铁匠、施工员、工程师……给一辈子的生活染上了靓丽的精神底色。

参观红旗渠纪念馆时，可以看到一张张图片上大都是朝气蓬勃的青年人的脸庞。在修渠人口述中，可以看见老年人在如今回忆当年“峥嵘岁月”所流露出的对青春奋斗的骄傲与自豪。

一、青年人的“洪荒之力”

翻开《红旗渠志》可以发现，在红旗渠英模人物中，青年绝对是主力军。杨贵，于1954年5月被安阳地委任命为中共林县县委书记。这一年，他26岁。1960年，吹响修渠的集结号时，也刚刚31岁。和杨贵一起担任红旗渠总指挥部政委的李运保时年34岁，总指挥长周绍先32岁，工程股股长段毓波35岁，工程师李国堤设计红旗渠时29岁，红旗渠主要技术设计员吴祖太牺牲时刚刚27岁。红旗渠动工时，河顺公社分指挥部指挥长刘银良刚刚25岁，姚村公社分指挥部指挥长郭百锁36岁，红旗渠特等劳模任羊成上渠时33岁，李天德32岁，放炮能手常根虎27岁，铁姑娘郝改秀20岁，李改云24岁，凿洞能手王师存30岁……

修建红旗渠牺牲的81名烈士中，有46名青年，占比约57%。此外，10几位重度伤残者，几乎都是青年。其中，年轻的还不到20岁，有的刚刚结婚不久。50多年过去了，被炸掉右臂的陈秀芹在接收林州市委宣传部副部长申军昌采访时不但没有一丝抱怨、一丝后悔，还一再强调“都怨俺自己没注意”。

红旗渠的勘测、设计和主要工程是由青年完成的，艰巨任务和困难主要靠青年解决，创新和创造也少不了青年的才智。

1960年3月，在要街水库建设工地劳动的林县水利局技术员康加兴，经组织牵线，和女工徐生芹一见钟情，准备举行结婚典礼仪式时，突然接到要赶到任村参加引漳入林施工测量工作的电话，他们毫不犹豫地取消了婚礼。直到秋天，他们才在红旗渠总指挥部登记了结婚。但在现场领取结婚证后，他们又立即各自返回了自己的工地。

50多年后，红旗渠修渠人口述历史项目组采访他俩时，他们说：“我们俩都是党员，那时没有任何想法，就一个决心，提前完成施工任务，不能因为私事耽误全县的大事。”“现在的年轻人可能都不待见听过去的事了，觉得那些事不可思议。我们从不后悔,那些时光很珍贵。党员就得多出力,不出力心里不踏实。”

在红旗渠上工作了11年的田永昌回忆那段激情燃烧的岁月时,曾经骄傲地说:“红旗渠就是一所‘红专大学’,我在这所大学里学习成长;1966年6月18日,我和王文全两个年轻人光荣地加入了中国共产党,是在红旗渠指挥部举行的入党仪式,指挥长马有金是我的入党介绍人。”

在红旗渠工地上,还活跃着一些少年的身影,他们是一支刚强的“学生军”队伍。东姚李家厂村的苏潘云上渠时还是初中生,只有16岁,在老师的带领下“半日学习,半日劳动”。因为没有长期劳动过,在连续抬筐劳动中肩膀被压肿了,但她深受热火朝天的干劲的鼓舞,坚持不休息。后来伤口化脓成疮,直到医生和工地负责人知道了她才停止抬筐,去当了小通讯员,负责跑腿送信。几十年过去了,她的肩膀上依然留有当年抬筐形成的疤痕。因为她是学校腰鼓队成员,被抽到了工地文艺宣传队,和大家一起自编自演节目,表扬好人好事,宣传修渠意义,丰富工地生活。她还领过一个特殊任务,回村里收干菜解决工地吃菜难题。她没有想到村里乡亲们非常理解工地的困难,一天就完成了任务,渠上大人夸她“小姑娘能替大人做事,等于多了个全劳力”。闲暇时,她就帮不识字的民工读信、写信。因为她表现突出,多次受到表扬,还被光荣地批准加入了中国共产主义青年团。

河顺柳泉村李泉珍中学毕业走出校门后就来到了工地。刚刚17岁的她,头一天劳动就挑了30担水,肩膀被压肿了,身体像散了架。第二天她忍着肩酸背痛,咬着牙继续苦干,越挑越起劲。后来一天能挑88担水,比男生定额还多出8担。看到沙子供应不上,泉珍和几个女伴主动请战。领导说:“这不是你们女孩子能干的活。”可她不服气,偷偷带上4个人,推上4辆推车就走了。回来时,每车载了150公斤沙。上坡时,她们把腰弯成了弓,使足了劲,汗水顺身往下淌,嘴和鼻子喘着粗气,心里“咚咚”直跳,但车轮不但不往上走,还往下滑。姑娘们急得眼里直冒泪花。泉珍放下车说:“一个推不动,咱大伙一块推,团结就是力量。”当4辆推车全被推上坡顶时,姑娘们咯咯地笑弯了腰。一次,泉珍和男民工们一起背石头上架。看到一块石头滚下来,眼看要砸到人,她冲到滚动着的石头前边,猛扑上去,拦住石头。衣服被石头挂破了一个大口子,胳膊擦破了皮,流出了殷红的鲜血,她掏出心爱的花手绢缠在伤口上，转身又背起了一块石头。

红旗渠是个练兵场，也是一座优质的职业学校。它既锻炼人们的思想品质，又提高修渠民工改造祖国大好河山的劳动实践技能。工地党团组织针对青年热情有余、技术不足的特点，教育他们虚心向成熟工匠学习，要求他们边学边干，在施工中成长。1965 年 4 月，红旗渠三条干渠建成后，共培养出工程师 27 人，技术员 560 人，石匠 3.3 万人，铁匠 110 人，木匠 200 人。学会烧石灰的有 700 人，学会造炸药的有 320 人，学会造水泥的有 110 人，炮手有 810 人，能够领导施工的有 1 610 人……这些技术人才，成为日后林州十万大军出太行、富太行的主力军。

二、人墙截流

1960 年初春，500 多名任村民工来到了平顺境内浊漳河的侯壁断下，他们要在奔腾咆哮的河水里修筑拦河溢流坝，把浊漳河拦腰斩断，让河水乖乖地爬上太行山。

这是红旗渠的源头工程，也是红旗渠这条盘绕在太行山上的巨龙的“龙头”，在修渠全局中至关重要。

这时虽然是枯水季节，但河水从侯壁断上跌落下来，余怒未消，还是横冲直撞。面对浪花四溅的河水，民工们愣住了，他们要干从未干过、也从未见过的活儿。而且，这一工程必须在汛期到来之前完成。如果不能在汛前完成，一到汛期，上游洪水暴涨，上千流量汹涌而下，截流就基本没有指望了，那可是要影响全线工程计划的。

这是一场重要而艰巨的攻坚战。

古城村民工连连长董桃周是在漳河岸边长大的青年，他熟悉漳河水的脾气，练得一身玩水的本领，在讨论如何进行截流的问题时，他抢先发言说：“在中国共产党党员面前，没有克服不了的困难，我们都有两只手，漳河水再凶，也能制服它！”一伙女共青团员也争先发言：“困难是死的，人是活的。只要苦干，就能征服一切困难。”人心齐，泰山移，共产党员、共青团员打头阵，500 名强壮劳力一齐上阵，争先恐后地投入渠首截流战。

图33　进行截流工作(魏德忠拍摄)

迂回的羊肠小道又窄又陡,运料非常艰难。盘山村有3位女青年在工地上每天超额完成任务,肩膀被压得红肿,脚磨起血泡,但从不叫苦喊累。一个月内布鞋就穿破4双,垫肩磨破6个。她们在鞋上钉了很厚的自行车外胎胶底,垫肩用小帆布补了一层又一层。在最爱美的年龄,她们顾不上什么美不美,只图结实耐用,照样跑得欢。

小伙子们看到姑娘们如此拼命,也受到了感染,他们自己编起劳动号子,边干边吼起嘹亮的号子。

就这样,一个多月的时光,第一、二级截流工程顺利完成,清一色的大石坝出现在河床的两侧,像一把老虎钳,从浊漳河两岸伸向河心。

第三级截流的工作开始了,沙袋、草包、石头像小山一样堆在岸边,民工们意气风发地和这股激流进行最后的较量,大坝在向河心延伸,河水越来越

图 34　人墙截流(图片来自资料)

细,越来越细……

没有想到,当两边大坝还有 10 米宽的时候,河水像发怒一样咆哮起来。当按计划喊着号令把一块块石头、一筐筐石碴、一个个沙袋同时投下激流时,这些都像点点面包屑一样,还没有沉到河底,就被河水卷跑了。民工们把几百公斤重的石头抛下激流,也无影无踪了。后来人们喊起号子,河两岸的人一齐往河里扔沙袋、石头,也顺水而去了。

有人提出,在河两岸打上木桩,木桩间扯上铁丝,也许能把沙袋、石头拦住。第二天照这个办法,还是无济于事。

怎么办?

指挥部领导琢磨着用人墙挡水的办法。可当时天气还很寒冷,漳河峡谷更是冰雪未消,河水寒气扑人,一怕民工受不了,二怕水流湍急把民工冲走。

指挥人员说出这一想法,并让民工们讨论。董桃周什么也没说,三下五除二就脱掉了衣服,只穿着一条裤衩就扑向了打着旋的激流中。这是无声的召唤。扑通,扑通,扑扑通通。一个,两个,三个,十个,二十个……40 多名青年脱衣跳进冰凉的激流中。浑浊的河水淹到了他们的胸口以上,激流把人冲得东倒西歪。水中的人臂挽臂，肩并肩，手拉手，排起了第一道人墙，但河水咆哮得更厉害了，人墙一次次被冲开，甚至把人卷到旋涡中。眨眼间，人墙又排起来。第一道人墙站稳了，第二道人墙排起来了，第三道人墙也排起来了……一连几道人墙，狂暴的漳河水在这堵铜墙铁壁面前打起了旋。岸上的民工噙着一眶热泪赶快行动，人墙下游，一根根木桩打下去了，一块块巨石垒起来，一袋袋沙土传过去，沙袋在增高，水口在缩小……

总指挥部听到了人墙截流的事情，立即派人送来了两瓶烧酒，让水中的好汉们喝点能暖暖身子。

热血沸腾的青年们站在激流中，忽而高声朗诵："下定决心，不怕牺牲，排除万难，去争取胜利！"忽而大声唱："团结就是力量，团结就是力量。这力量是铁，这力量是钢……"激越铿锵的旋律盖过了漳河水的吼声。

三个小时的激战，截流宣告成功。

1960 年 5 月 1 日，拦河大坝及渠首枢纽工程胜利竣工，浊漳河水按照林县人民的意志，流进了"红旗渠"。

三、鸻鹉崖大会战

在林县与平顺县交界处的山西境内，有一座 10 公里长的大山叫牛岭山。牛岭山地势险恶，一个长方形的山头，伸向浊漳河的是 90 度的绝壁，几百米高，经常雾气腾腾，白云缭绕。当地百姓讲，山头上除了鸻鹉鸟以外，别的什么鸟也不敢飞上去。因此，这个地方叫鸻鹉崖。

红旗渠需要从鸻鹉崖通过。

城关公社分指挥部接到这一渠段任务后，在山顶打上了 3 根钢钎组成的绳桩，人系绳索，在上无寸物可攀、下无立足之地的峭壁上，凌空施工，抡锤打钎。什么苦呀、险呀，对他们来说，早已抛到九霄云外，唯一的念头是：加快速度，把炮洞提前打成。就这样坚持苦战了一段时间，在鸻鹉崖上打出 39 个 20 多米深的大炮眼，分四层切下去，把长 200 米、高 250 米的鸻鹉崖从上直劈 80 多米，揭了鸻鹉崖的一层脑盖。

就在大家干得热火朝天的时候，惨祸却接二连三地发生了。

1960年5月10日，东街村青年民工张文德(22岁)、杨黑丑(23岁)、苏福财(24岁)三人一起打老炮眼。打到4米深时，他们点响了老炮洞内的小炮。为了赶进度，硝烟还未散尽，就着急忙慌地下去施工。第一个人下去，身体一软，头一耷拉，躺下就不会说话了，任上边人怎么喊也不应声。第二个人见此情境，来不及想原因就急忙放绳下去救人。刚一下去，又是头一耷拉，倒在洞内。三位小伙子都是同村人，互相邀约一起来修渠，平时亲如手足，眼见两个人下去不见了动静，想都没有想，第三个就哧溜下去了，结果又因洞内缺氧窒息了。三位生龙活虎的青年小伙子，转眼间变成了三具尸体。老民工急忙赶来制止再下人抢救，才保住了第4条人命。

6月7日，逆河头大队28岁的青年民工余长增，在往老炮内装药时，嫌用手捧火药速度太慢，就用铁锨去装。铁与石头碰出火星，引燃火药，"轰"的一声，余长增被巨大火团吞没了，霎时间就被烧成"黑炭人"。虽然大伙儿迅速把他送往医院，但是终因烧伤太重，余长增带着修渠的青春激情和对未来的美好憧憬，走完了他的人生旅途。

6月12日，在槐树池大队工地，民工们正在紧张地施工，连长给大家宣布："经请示，分指挥部同意，今天大干一天，明天我们全连下工回家收割小麦。"听说放假回家收麦，大家情绪高涨。有的说："能尝尝新麦子的滋味了。"有的说："咱加把劲，把回家耽误的任务赶一赶吧。"谁也没有料到，灾难正向他们一步一步逼近。

上午9时许，山上一块巨石突然坍塌，从浑然不觉的施工人群中冲出一条"血路"滚下山崖，顿时血肉横飞，当场砸死9名民工，3名民工重伤致残。

其中，一位牺牲的女青年，是刚刚结婚没几天就来劈山修渠的；一个姑娘，19岁，还没有结婚，当时她穿着花棉袄，头上戴着一顶新方巾，扛着钢钎，一边走还一边哼着小曲儿，却不知道头顶上有一块巨石已摇摇欲坠，顷刻间就劈头砸下来。

林县人民的几个好儿女就这样为了修渠而粉身碎骨，他们的血肉飞溅到太行山上，山岩、峭壁、树枝、草丛中……

在场干活的本村民工惊呆了，一时不知所措。河顺公社民工闻讯跑来救人。城关公社分指挥部指挥长史炳福从其他连工地匆匆赶来，看到现场的惨状，难过得痛哭流涕，用手拍打着自己的头说："我怎么向乡亲们交代呀!"

总指挥长王才书哆嗦着放下电话，噙着眼泪跑步朝现场赶。杨贵，手里还握着电话筒就已经潸然泪下。医生和抢救队伍急速前往出事故的工段，来不及绕路，就跳下水流湍急的漳河里蹚水过来，冒着时有哗哗下落的石碴风险，挖石救人……

人们把烈士的遗体一块一块拼凑起来，把太行山上的血渍一点一点搓干净。大家脸上满是泪花，心情沉重，场面十分悲壮。

连续的伤亡事故，出在同一个工段，城关公社分指挥部从干部到民工，如泰山压顶，情绪十分消沉。这时，迷信谣言四起，死人的山坳里顿时阴森恐怖起来，说什么："放炮触动了'鸻鹉精'。"施工民工不敢起五更到工地或天黑后收工，心中越是害怕，越容易心惊出事。一次，几个民工好像猛然听到山崖石缝"嘎嘎"作响，急忙跑开，一个民工失脚跌到高岸下，摔得肠子扭曲，肚疼难忍，经手术抢救，才算保住性命。

为了稳定民工情绪，减少伤亡事故，总指挥部采取果断措施：这一险要工段先暂停施工，集中力量突击其他工程，等有了经验再对鸻鹉崖进行总攻击。

通过认真准备，指挥部决定从 9 月 18 日开始，组织各公社的精兵强将，搞一次大会战。

这一决定下达后，各公社分别召开党员、团员、积极分子参加的"诸葛亮会"、模范人物事迹报告会、家乡缺水忆苦思甜会，层层动员，增强斗志，分析工程难度，总结经验，酝酿新的作战方案。人人发言，个个表态。六七天时间，15 000 份《请战书》如雪片般飞到总指挥部。

根据工程需要，总指挥部批准了 5 000 名青壮年的申请，编成 15 个突击队，挺进长达 3 000 米的险要工段——鸻鹉崖。突击队中有城关公社的"开山能手"，有东岗公社的"爬山虎"，有合涧公社的"常胜军"，有采桑公社的"半边天"铁姑娘突击队，有号称"飞虎神鹰"的任羊成除险队……

鸻鹉崖上有一座小山神庙，庙门上贴着对联："庙小神通大，威名镇山岗"，突击队员们把旧对联涮掉，换上了"人民力量大，逼水上高山"。

县委派南谷洞水库工程指挥长马有金来到工地协助指挥，总指挥部也集中各分指挥部富有指挥经验的强将指挥战斗。作战前夕，马有金和王才书认真研究了作战方案。马有金说："在劳力安排上，虽然人多势众，却要有条有理，不能乱套。以营为单位，分成爆破、除险、运输、垒砌四个梯队，做到忙而有序。”王才书说：“要充分发动群众搞好安全，每个工段每个人都要有一套防险、除险的安全措施，这样鸻鹉崖再高再险，也能战胜它。”

会战时，住地紧张，民工遇到石崖就筑石窟，见到土缝就凿土洞，山沟里搭起席棚，出现了一个个安营扎寨的新“村庄”。牛岭山下红旗渠经过的山脚，至今还残留着许多小窑洞，那就是当年参加鸻鹉崖大会战时民工们栖身的地方。

为了提高大家战胜困难的信心和勇气，县委领导杨贵、李贵、秦太生等深入工地，和民工一起参加劳动，促膝交谈。还让县豫剧团和电影队到工地演出、放映，鼓舞民工士气。

会战中，炮声隆隆，山石被炸酥松，浮石不停地坠落，嘎嘎作响，大家眼巴巴地看着，急得直跺脚，上不去人，不能动工。为了保证安全，总指挥部抽调 12 名爬山能手，组成一支除险队，任羊成担任队长。他们身系大绳，手拿锤、钎、钩撬等工具。一个个溜着大绳飞下悬崖，凌空飞荡，直扑崖壁，犹如一只只雄鹰，翱翔在险石丛中。随着除险队员的飞荡，一块块浮石被钩撬掀落下来。

石板岩公社民工王天生，12 岁给地主当长工，苦难的生活逼得他学会了下崖掏五灵脂的本领，眼下有了用武之地。别看他走路腿不得劲，一到悬崖上就变成了另外一个人，身子灵巧得如鱼得水，似鸟凌空，一块块险石，在他的钩橇下，哗哗滚落。

披坚执锐，众志成城。经过 50 多天的大会战，一条雄伟的大渠，终于通过了鸻鹉崖的半山腰。

四、凿通咽喉“青年洞”

任村镇卢家拐村西，进口左侧为一深沟，西侧是一崖壁，像弓形，如鬼斧神工，人称“小鬼脸”，东面是巨石累累的狼牙山，上面是金鸡垴，是红旗渠的又一艰险工段。

总干渠动工后，横水公社民工曾在这里绕山开明渠，县委和指挥部领导、技术人员通过现场考察，认为开明渠渠线长，费工费料，确定开凿隧洞穿山而过。

1960 年 3 月 4 日，总指挥部部署任务时说："共青团是党的助手，你们是青年的旗手，把卢家拐隧洞开凿任务交给你们。"工地团委无条件地接受了这一艰巨任务。

3 月 5 日，工地团委书记张汉良和技术人员钟志远等 4 人来到工地研究施工的方法。横水公社九家庄村青年贾九虎腰系绳索，凌空除险，在崖岸上挖出炮眼，打响了开凿青年洞的第一炮。

随后，又有 4 名炮手，用高木杆把炸药包顶在石壁上放炮，硬是炸开一道梯形小道，为施工扫除了阻碍，横水公社 320 名青年进入工地。

为增加工作面，加快工程进度，青年们在金鸡垴上设下三角套桩，腰系绳索，手拿锤钎，悬空作业，在隧洞外壁开出 5 个旁洞，增加了 10 个工作面，共 12 个工作面。

1960 年 10 月 7 日，红旗渠总干渠第二期工程全线开工，正在如火如荼建设。然而，向好形势却发生了重大变化。

11 月，全国实行"百日休整"，基础建设项目全线下马。上级机关派出专人专车巡回检查，督促红旗渠停工下马。

"眼下这么困难，修渠硬充好汉。"

"不顾群众死活，死抱红旗不放。"

刹那间，风云突变；齐刷刷，55 万双眼睛都投向了杨贵和县委，是停还是继续干？

按照上级批示下马吧。可下马容易上马难啊！万一以后复不了工，工程不就半途而废了？不就真正成了劳民伤财的工程了？那就会落下千载骂名。那不仅不是一功，反而成了一大罪了！可如果不下马，就是和中央指示顶着干。

县委会议室的灯光又彻夜通明起来！

"石头硬出好石匠，困难大出英雄汉。活人还能让尿憋死？"

杨贵和同志们左思右想，想了一个两全其美的策略：既要落实中央指示，又不让工程下马。

县委会上，杨贵动情地说："全国粮食紧张和经济困难是客观事实，但我们还有一定数量的储备粮食，群众修渠积极性很高，县委应该实事求是地落实中央精神，根据林县的实际情况统筹兼顾，灵活决策。中央指示要执行，大面上要停工，但重点地段的重点工程不能停，否则，将来无法向人民交代。二期工程的困难是开凿出600多米长的隧洞，工程艰巨，用人开挖，咱们可以让绝大多数民工11月底休整，留下几百名青壮年劳力，啃下这块硬骨头，将来形势好了，再大批上人分段修渠。大家看这样行不行?”

绝大多数同志赞成，县委在这一关键时刻达成了共识。

为了集中精锐力量打歼灭战，县委把横水公社的青年撤下来，从全县修渠民工中抽调300名青年精英组成突击队，在岳松栋的带领下继续施工，并取名为“青年洞”。

寒冬腊月，太行山草木枯黄，风萧萧，300多个热血青年摆开了战场。

狼牙山全部是绛紫色石英砂石，坚硬如钢，一锤下去只能打个白点，工效太低。打一个二三十厘米的炮眼，往往要换几十根钢钎，两盘铁匠炉捻钢钎也供不上，一个工作日的日进度只有30厘米。用从洛阳借来的一部风钻机，打了一个30厘米的炮眼就毁掉40多个钻头，不久还坏了。青年们又抡起大锤，蚂蚁啃骨头。青春，一寸一寸磨损；隧洞，一点一点向前推进。

面对艰巨的施工任务和艰苦的生活条件，突击队员们白天劳动，晚上捧起毛泽东著作给思想充电。《愚公移山》《为人民服务》……老愚公、张思德、董存瑞、刘胡兰、黄继光，还有林县孙占元烈士的事迹，这些大大提高了大家克服困难的勇气和信心，让青年们豪情满怀，斗志昂扬。

他们说，太行山硬，硬不过我们的决心！太行山就是铁山，也要给它钻一个窟窿！

“愚公移山，改造中国”和“人民，只有人民，才是创造历史的动力”，写到了太行石壁上。

青年中流传开豪言壮语：

苦不苦，想想长征二万五；
累不累，想想革命老前辈。

红军不怕远征难，我们修渠意志坚。
为了实现水利化，再苦再累也心甘。

撼山易，撼修渠青年斗志难！

不修成大渠誓不还！

洞外冰天雪地，洞内却春潮涌动！

为了加快进度，青年们编成7个突击队，12个工作面全线开战。

退伍军人郭福贵是第二突击队队长，带队主攻二号旁洞。那是最险要的地方，在半山腰施工，下面是几百米深的悬崖峭壁，上面是向外突出的巨石。他带头打钎放炮，6次负伤都瞒了下来。有一次，放过炮还硝烟未散，他就钻进洞内干，不幸被一块滚落的石头砸断了脚骨，由于伤势过重，他没能“蒙混过关”，被送进了工地医院。可第二天，当队友早上起床时，听到山洞里传来叮叮当当的声音，跑进去一看，郭福贵把棉袄摔在地上，满头大汗地倚着石壁，干得正欢呢！

洞里有条“偷天缝”，一个劲地往下掉石头，成了影响施工出渣的“鬼门关”。桑济周、郑国现和李世民，抗来木料，搭起个保险架，冒着危险把风险除掉了。

由于洞是顺着狼牙山的走向掘进，工作面能不能准确无误地对接是一个技术难题。工程技术人员背着沉重的仪器，整天整天在陡峭的岩壁上爬上爬下，反复测量，随时调整，唯恐出现一点点误差。

青年们边掘进边摸索，经过反复研究，发明了“三角炮”“瓦缸窑炮”“连环炮”“立切炮”“抬炮”等爆破技术，并不断改进开凿方法，夜以继日，加班加点，使每个工作面的日进度由起初的30厘米提高到2.8米。

严冬，缺粮少菜，缺钱缺物，任务繁重，生活艰难，很多人得了浮肿病。大家吃不饱饭，就上山采野菜，下漳河捞河草，佐以主食充饥。

除夕下午，指挥部通知从大年初一开始放假5天，让青年们下山和亲人团聚，过一个和和美美的春节。这时，掘进最快的一、二号洞工作面仅仅剩下6米就要贯通了。青年突击队的小伙子们不肯下山，非要在大年初一前凿通这段坚硬的壁垒。他们换下平日用的8磅锤，抡起了12磅大锤。两个工作面展开了竞赛，看看谁最后一锤打通。他们打一会儿，把耳朵贴在岩石上听一会儿，判断着从对面传来的声音……

在辛丑年第一个黎明悄悄来临的时候，青年洞里爆发出震撼山谷的欢呼声，一、二号工作面贯通了！他们高兴地端起热腾腾的饺子庆祝！

1961年2月，中共河南省委书记处书记史向生来到红旗渠工地视察，他在县委第一书记杨贵、副县长马有金、桑耳庄大队省劳模成百福的陪同下进入青年洞内和民工交谈，对他们勒紧腰带、顽强奋战的精神十分敬佩，并鼓励他们一鼓作气，打通青年洞。史向生还在洞内和建筑民工一起合影留念。

领导的慰问给青年们带来了温暖，也带来了家里缺水地旱的讯息。

缺水，就是一道无声的命令，青年们干得更卖力了。

当他们在洞中度过500多个日子，从太行山肚子里掏出15 400立方米坚硬的红砂石时，1961年7月15日，青年洞终于凿通了。

五、无坚不摧模范营

东岗公社民兵营征服了石子山，攻下了红石崭，打出了威风，屡屡夺得工地优胜战旗，被评为“无坚不摧模范营”。

征服石子山

石子山是总干渠要通过的一个险要地段，下部是20—30米的石英岩层，上部是130多米高的鹅卵石堆积层，石缝间夹有细沙，胶结度很差，缺树少草，孤独阴森地坐落在浊漳河南岸。由于自然条件特殊，常常狂风猛起，卷着沙土唰唰作响，山坡上鸡蛋大的石头像冰雹一样乒乒乓乓落下来，浊漳河水被溅起阵阵水花。因为山势陡，石质松，人要上去，连个脚踩手攀的地方也没有，若是滑下悬崖，摔死连尸首都不能保全。民谣云：“石子山，鬼门关。大风呼呼绕山转，飞沙走石往下翻。猴子不敢上，禽鸟也难沾。登山好比上天难。”

困难，难不住战天斗地的英雄好汉。东岗公社分指挥部指挥长王福祥和民工们共同研究，决定从山峰旁绕到山腰，在这里戳出一个窟窿，用炮打开前进的道路。他们从民工中找了几个胆大心细的青年当突击队员，共青团员原文才把鸡蛋粗的麻绳捆在身上，带头一步一步地往前挪，接着第二

图 35　征服石子山（图片来自资料）

个、第三个……都学着他的动作，来到打炮眼的地方，抡锤打钎，坚持轮班苦战 10 个昼夜，打成一个直径 3.5 米、纵深 18 米、往下直拐 6 米的大炮眼。装进炸药 2 125 公斤，安放 260 个雷管。一声巨响，山崩地裂，石子山开膛破肚，倒进深谷。

放炮之后，沙和卵石断断续续坠落了三天，到第四天，风一吹鹅卵石还往下淌。大家就一起动手，上山割来马荆条，编成四道防护墙，然后在 80 度的陡坡上开挖了一道道深沟，拦住落石，再进行开挖、出碴、清底、运灰、打水、和泥、垒砌。一个青年嫌抬石头太慢，干脆放下杠子、铁绳，把 60 多公斤重的料石背起来就走。心急嫌手慢，大家又在山腰与河滩之间扯起空运线，沙筐、灰斗来往穿梭，上下飞舞，进度一日比一日加快，终于征服了石子山险段。

强攻红石崭

石子山的东面，是长 187 米、高 160 多米的红石崭。它背靠太岁峰，前临漳河水，高高地矗立在浊漳河畔，越往上越向外凌空倾斜，崖间是蜂窝般的大大小小恶檐。

渠道要从这道崖崭的下半截通过去。施工时原计划凿洞，可是下面是风化层页岩，上面是陡峻的石英岩，怕下部承受不了上部的压力。后来，计划从中间掏心，再从外面设一道墙，砌成沿山明洞，本以为既省工，又便于施工。但干了几天，崭崖上面原来的黑山缝裂得更宽了。为了试验山岭变化的快慢，把纸糊在石缝上，半天就扯成两半。事实证明，中间掏心的做法危险性更大。只有一个办法，从顶端往下劈。

渠底往上 90 多米高的石崭，硬要劈下来，放一两个大炮，根本解决不了问题，于是采用"连环大炮"强攻。东岗公社分指挥部抽出 70 多名强壮劳力，分成两班，腰系绳索，吊在半空，凌空打钎，日夜不停地战斗，一齐打出 12 个大炮口。

这里的石质坚硬，打一锤，钢钎在石头上蹦一蹦，钎头打不下去，有的还被折断。两盘烘炉配 6 名铁匠，从早到晚捻钎头，才勉强能供上。

为减少钢钎磨损，有的沾上水打，有的先打成一个小眼，然后在炮眼中放小炮，打打烧烧，烧烧打打，俗称"烧炮"，烧炮后再下洞作业。

12 个大炮眼都直径 1 米多，深约 13 米。每个炮眼装药 1 000 公斤，布成连环炮一齐点燃，轰的一声，半个山头应声而倒。民工们高兴地唱道："连环炮，不简单，一炮崩掉半架山，再有一组连环炮，定叫高崭下河滩。"紧接着民工们又打了 15 个连环炮，再加上许许多多的小炮，攻克了一道道险阻，使大渠顺利通过悬崖峭壁的红石崭。

六、红旗渠上"铁姑娘"

在红旗渠工地上，活跃着很多巾帼不让须眉的"花木兰"。据说，五分之一的民工是女同志。那些年轻的女同志和男同志一样摸爬滚打，苦活累活技术活样样不落，有的比男同志还能干，被修渠民工亲切地称作“铁姑娘”“当代女愚公”。

图36　工地“铁姑娘”（魏德忠拍摄）

修建弓上水库时，原康公社宋村张凤巧最早带领24名姐妹组成了一支突击队，起名“刘胡兰突击队”。她们最大的25岁，最小的16岁。她们单独承建了一座10多米长的渡槽和40米长的渠道，还总结出打钎、爆破、起石头等经验。由于成绩突出，不仅获得了一面旌旗，张凤巧还光荣地出席过全国妇女社会主义建设积极分子大会。

1960年，横水留马村王合英28岁。当时的她已经有三个月的身孕，且由于幼年缠足行动不便，但一想到将来漳河水会流到村里，吃水、洗涮会很方便，她就浑身充满了干劲，和五六个年轻姑娘一起，卷起铺盖，背上铁锹，就上了渠。

姚村公社水磨山村的郭秋英修渠时刚刚18岁，但有勇有谋，担任“铁姑娘队”队长。她曾经带着20名同自己一样年龄的姑娘们，和强壮的男工队在挖“换新天”隧洞工地上展开劳动竞赛。她调整战术，改变3个人一组为4个人一组，两个人打锤变成3个人打锤，把女性力度的劣势巧妙避开，将韧劲优势发挥出来，战败男工队，一举成名，在工地上传为佳话。因为带队大干苦干60天，钻通“换新天”隧洞，把水引到了家乡，她被评为修渠模范。

采桑公社南采桑大队修渠民工中有12位女同志，她们抡锤打钎，抬筐出渣，开山锻石，样样出彩，处处领先。哪里有硬骨头，她们就主动去哪里突击，被修渠指挥部冠以“十二姐妹”光荣称号。当年才21岁的南采桑连女连长郝改秀是“十二姐妹”的组长，她留着长辫子，手握双钎，一个人配合4个人打钎开石头，大大提高了工作效率，被河南日报摄影记者魏德忠抓拍了一张劳动照片，命名为“凤凰双展翅”，成为修建红旗渠的经典瞬间。“十二姐妹”中年龄较小的郭松珍当年刚满18岁，干起活来却不叫苦不叫累，事事不服输。不仅抡、锤、扶、钎、锻石头，各种活都在行，还当过炮手，和男同志一样点过炮。在山西青草凹工地抬筐出渣比赛中，她和宋春英搭档多次，并获得第一名。有一次，一位工友打锤时打偏了，正好打在了她的手上，伤口都露

图37 “凤凰双展翅”(魏德忠拍摄)

见了白骨，但她只是去工地医院上药包扎了一下，没有休息，坚持用一只手继续扶钎打炮眼。因为她的能干，还被任命为“十二姐妹”的副组长。鸻鹉崖大会战中，“十二姐妹”的姑娘们当仁不让，奋勇争先，圆满完成了自己的任务。因为她们在青草凹段修建中的巨大贡献和突出表现，那一段上有一座桥被命名为“姐妹桥”，桥上立了一块石碑，刻上了“十二姐妹”的名字。红旗渠指挥部战地报刊《引漳入林》上也报道了她们的先进事迹，并号召全县民工向她们学习。

红旗渠工地上，还活跃着一批女石匠。她们不仅能够搬动沉重的石头垒岸，还和男匠人一样能锻出整齐美丽的石材，成为修渠的生力军。男工们调侃她们：“盘古到如今，出现大事情。女子当石匠，惊动鲁班神。”她们回应道：“女子能顶半边天，男子能干俺能干。”

七、太行山不会忘记吴祖太

在红旗渠的英雄谱上，有一个非林县籍青年的事迹感天动地，至今还在口口相传。

那个青年叫吴祖太，1933 年 2 月 18 日出生于黄河故道的河南省原阳县白庙村。他有两个姐姐，而他是妈妈 45 岁才得的宝贝。6 岁那年，家乡闹灾荒，他跟随父母一路讨饭到了郑州，靠卖水度日。1948 年，在中国共产党地下工作者的关怀下，吴祖太进入河南战区流亡儿童学校读书，开始接受进步思想的教育。1949 年 8 月 23 日，吴祖太在省立郑州第一初级中学光荣地加入了中国共产主义青年团，当年 9 月 20 日还加入了中苏友好协会。1950 年 9 月，他考入黄河水利专科学校。1953 年毕业后，被分配到安阳水利局。

主动请缨，奔赴山区

吴祖太本来工作在城区，条件相对优越，可从小就受苦受难的他，接受了党的教育后，有了为民治水的梦想，一心想要到最需要的地方施展才华。1954 年，他随同水利专家奔赴林县山区测绘漳河两岸的高程图，了解到林县人民“吃水贵如油”的困难，心里就隐约地埋下了帮助林县人民的种子。1958年，党中央发出了机关青年干部“上山下乡”的号召。而此时，林县人民发扬“愚公移山”精神“重新安排林县河山”的水利工程建设正在如火如荼地展开，吴祖太毫不犹豫地向组织主动请缨，奔赴林县山区。

调到林县水利局的第二天，吴祖太就投入到正在施工的大型水利工程——南谷洞水库。南谷洞水库大坝采用的是乱石堆砌坝，处理这种大坝的难度较大，如有疏忽，将会留下不可想象的后患。因此，国家、省里好多工程师都不敢接。因为吴祖太是当时县里唯一科班出身的水利技术人员，他义不容辞地投入了大坝的设计。

他每时每刻都感到肩上的责任重大，就像钉子一样扎在了工地。为了借鉴外地经验，大年初一他还连夜跑到三门峡工地取经讨宝。靠自己扎实的专业技术破解了工程技术设计上一个又一个难题，终于勘测设计了他的第一件杰作，就是难度系数很大的高83米的南谷洞水库大坝。

在浙河上，林县人民建成了英雄渠，却只能解决浙河北岸的用水。北岸的庄稼因为水的滋润郁郁葱葱，一河之隔的南岸却田干苗枯。怎么解决南岸群众用水问题？吴祖太虚心请教熟悉当地情况的相关人员，连续奋战15个昼夜，终于完成凌空240米、离地50米高的钢丝帆布天河桥的设计，让水天上流，解决了十多万群众饮水及抗旱灌溉难题。

将近3年时间，他几乎参与了林县当时每一项水利工程的设计，包括英雄渠和弓上水库等，了解了林县的山水地貌，也为日后引漳入林的设计打下了坚实的基础。

一心工作，三推婚期

当时25岁的吴祖太，早已同在淇县淇高村小学当教师的女青年薄慧贞订了婚。家里曾三次为他俩选定婚礼的良辰吉日，三次来信催他回原阳老家完婚，但他看看正在处理的南谷洞水库大坝基础，看看正在开凿的一、二级输水涵洞，看看正在设计中的大坝观察廊道，放心不下工地的安全，就没有向领导请假，而是给家里和慧贞一次次回信婉言回绝了。

薄慧贞出身于书香门第，从小受到了良好的家庭教育，在中学加入了中国共产主义青年团。在收到吴祖太推迟婚期的信后，并没有感到意外，经过几年的交往，她已经对事业心很强的他十分了解。直到1959年春节，薄慧贞到南谷洞水库工地看望吴祖太时，工地的领导和同事们才为他们举行了婚礼。

春节刚过，团聚了5天的小夫妻还未品味够新婚蜜月的滋味，便各奔东西，回到工作岗位。

1959年3月28日，淇高村小学一个电话打到工地，在组织学生参加义务劳动清除铁道两旁的杂草和垃圾时，忽然看见一个学生就要被火车撞上，薄慧贞一把推开学生，自己却遇难了……

接到噩耗，吴祖太如遭雷击，他和妻子结婚还不到100天啊。

在淇县料理丧事时，悲痛中的吴祖太考虑到林县水利工地一刻也离不开自己，就与岳父母家人商量，先把妻子就地安葬，等红旗渠修成后再把她接回原阳白庙老家。就这样，吴祖太又匆匆赶回到林县水利工地。

亲赴一线，测绘设计

1960年初，林县县委决定修建引漳入林工程。这项需要“劈山、斩岭、逢山钻洞、遇沟架桥”的测量、设计与施工的艰巨任务搁到了吴祖太和其他几个技术人员的肩上。

一时间，他成了从工程测绘设计、工程指导，到施工一线最忙的人。

定渠线时，一山比一山高，一沟比一沟深，但吴祖太本着高度负责的态度，带着勘测队在高山险谷中攀缘，带着干粮，顶着凌厉的山风，披星戴月，每一寸都实地丈量。

为了抢时间、赶进度，他把测量队分成三个组，分路测量。可是，第一天测量的正负就相差20厘米，两个组碰不住“点”。吴祖太知道，渠线纵坡很平，如果在测量上稍不注意，将会给以后的设计和施工造成不堪设想的后果。于是，每天晚上，三个测量组都要到吴祖太的屋子里去“碰点”。他一边仔细校对数据，一边还要向大家讲解《水平仪与经纬仪讲义》，提高测量队员的技术。有时候，天黑赶不到村庄，他们就住在山洞里，啃干粮，喝冷水，对付一晚上。

因为太行山地形地貌十分复杂，几位技术人员面临着各种各样的难题，但尽可能展开实地研究。

在翟峪岭上，面对两山对峙的深山大峡谷，吴祖太原先设计了一个架设渡槽的方案。可是，在请教当地的几位老人时，一位大爷说："我71岁了，从我记事起，一共发过三次山洪，那大水正好冲在你们画的桥墩上。"吴祖太冒了一身冷汗，赶紧虚心向老人求教，并认真研究老人的建议，重新设计了一条盘山渠道。

渠线要从老虎嘴穿过。吴祖太想，斩掉"虎头"吧，要在悬崖绝壁上凿石300米，渠线肯定要长，工程量也要大；横穿"虎身"吧，虽渠线短了，但要凿石钻洞，石质难定，而且危险性大。吴祖太找来一位老羊工，带着他们小心翼翼地攀上了老虎嘴。吴祖太在"老虎嘴里"仰头目测了一下，又量了量上下"嘴唇"的直径，最后决定渠线就从"老虎嘴里"通过。方案是：不动下嘴，炸掉上嘴唇，挖掉虎舌头，再往嘴里凿六米。

青年洞那段，本来拟定绕山修明渠，吴祖太总觉得工程量大，难度大，经过反复考虑比较，最后改进设计方案，才采用凿洞的方式，让渠水通过天险绝壁。

渠线横穿浊河，为解决渠水与河水交叉的问题，他昼夜思考，并拜访附近山村老人。在掌握河道地质基础和水文资料后，和其他技术人员一道研究，因地制宜，创造性地发明了白家庄空心坝，让渠水从坝心通过，河水从坝顶溢流。这样的建筑，任何一本有关建筑学的书上都没有。

1960年4月28日《原阳报》刊载的《山区建设的坚强战士——吴祖太》长篇通讯写道："白天测量，黑夜点灯绘图，白天黑夜，黑夜白天，苦熬了几十天，爬了550架高山，越过了无数条河流，跑遍了二百里长的浊漳河，渠首源，拦水大坝，进水大闸，芦家庄，钻弯弯曲曲的山洞，白家庄500多米长的空心大坝，大大小小362个建筑物，一个一个都进行了实地勘测，又一个个进行了技术设计，他手上那本《水力学》快翻破了，他手中的那把计算尺快弄烂了，但他仍在不知疲倦地工作着。"就是这种一心一意的忘我投入，才克服各种各样的艰难险阻，创造了红旗渠工程设计的奇迹，为红旗渠建设奠定了工程技术设计基础。

他亲自带领勘测小分队沿着悬崖峭壁来回复测3次，仅用了不足3个月时间，就把70.6公里红旗渠总干渠工程1∶8 000坡比引流渠线的《林县引漳入林灌溉工程初步设计书》，完完整整地绘制了出来。他还先后向水利部写了12份书面材料，争取到水利部专家来林县参加现场会。

壮烈牺牲，浩气长存

红旗渠动工后，吴祖太被任命为工程股副股长，他更加感到责任重大。一连两个多月，每天天不亮就上了工地，星星满天还不见回来。夜深人静了，他还在灯光下设计、审查和修订第二天的施工方案。

有一天，吴祖太跑到盘阳村南的凤凰山工地，发现已经挖了五六天的渠道，竟然不是测定的渠线。虽然及时讲明情况进行了纠正，但他感到非常内疚，工作更仔细了。

有一次，一个民工风尘仆仆地找到他说："你快去瞧瞧俺们那段渠线是该往上翻，还是该往下翻。反正你写的那字我们也不认识。"吴祖太看了图纸后，采纳了民工们的意见，将那些"BM"之类的英文字母全部改成了中文。还通知工程股的技术人员，把沿渠群众看不懂的标记一一改过来。而且无论走到哪个工段，都要同民工们一起干活，在干活中解决一些施工中遇到的难题。

渠首拦河大坝工地上，民工们用一道道人墙堵住了激流，抓紧挖掘河水让出的坝基。按原来设计，坝基宽度是3米，下挖深度为1.4米，可是眼下只挖了一米深，才打了几寸深的炮眼，就被渗水淹没了，无法装炸药，放不成炮，工程无法进展。吴祖太赶到现场亲自试验，还放了几炮，结果还是不行。吴祖太想，原来设计目的是坝基坚固，可眼前渗水太大，挖够深度确实非常困难，工程进度缓慢，到五一劳动节大坝肯定不会合龙。只能改变一下设计方案，以宽代深，将基础宽度加到6—7米，往下挖一米深了。最后，指挥部采纳了他的建议。

每天晚上，他的脑海里都要给沿渠线上的一项项工程、一个一个建筑物排排队。渠首隧洞要由直线开凿为弧形，再加上多打几个旁洞，在时间和质量上就都没啥问题了。临淇营修的那个桥，料已基本备够了，可具体位置还没有定下来，到底是下移好，还是上移好？……

平顺县王家庄坐落在漳河南岸的陡坡上，红旗渠要从王家庄村下打一个隧洞穿过去，村里部分干部群众担心安全问题。

据勘测，王家庄村下大部分是活土层，要在疏松的活土层中挖一条宽8米、高4.5米、长243米的过水隧洞，安全是个大问题。一旦出现冒顶，地面的房屋就会陷落。

吴祖太为施工揪着心，他和指挥部领导、王家庄村干部一次次上山勘测，共同协商确定，掘进遇到岩石，只放小炮，不放大炮。开挖后，采取高标准衬砌防渗漏措施，用料石砌墙、券顶，水泥灌浆勾缝，混凝土铺底，确保万无一失，才打消了群众的顾虑。

姚村公社分指挥部400余名民工掘进王家庄隧洞不久，发现地下是沙石松散结构，一放炮，很容易出现塌方。吴祖太及时修改设计方案，把原来的“嘴洞”改为“鼻洞”，即单孔隧洞改成了双孔。隧洞跨度缩小了一半，增加了安全系数，尽管如此，仍不断出现险情。

1960年3月28日下午收工时，民工们反映洞壁上出现裂缝。吴祖太马上意识到这是塌方的前兆，必须立即组织抢修。他吩咐大家暂时撤出洞外，自己先进洞看看。他和负责安全的姚村卫生院院长李茂德提着马灯一起进了洞。

十几分钟后，预料中的塌方提前发生了。

“吴祖太和李茂德被堵在洞里了！”

消息传出，人们飞一般朝着隧洞跑去。很快，越来越多的人朝着这里赶来，现场的呼救声越喊越高，人们一声声呼叫“吴技术员”“李茂德”，洞内却鸦雀无声……

第一个冲到隧洞塌方前的人，一眼就看到了吴祖太那双被气流冲击掉的鞋，可是却看不到吴祖太的身影，无情的土堆已经将他们淹没了……

林县人民在红旗渠总指挥部的所在地——王家庄，为两位同志举行了隆重的追悼大会，中共林县县委根据吴祖太同志生前在林县水利建设上所做出的贡献，追认他为中国共产党党员。

1966年1月11日，吴祖太被中华人民共和国内务部追认为烈士！

八、舍生忘死李改云

李改云,16岁加入中国共青团,在村里当过互助组组长、初级社社长、高级社妇女主任,23岁光荣地加入了中国共产党。

1960年,她24岁,积极响应引漳入林的号召,和本村200名男女青壮劳力来到山西王家庄修渠工地。

在工地上,李改云被推选为第一营妇女营长,并组建了"刘胡兰突击队",担任队长。"刘胡兰突击队"和男人们经常进行劳动比赛,看一看谁的进度快,谁扛的小红旗多。

李改云除了完成当天挖渠任务之外,还负责本村修渠工作的安排,每天还要利用上工的间隙和收工前检查安全。

1960年2月18日,李改云开始了例行的安全检查。她到了一个工作面,发现上面有碎石往下掉。根据经验,这些石块很快就可能掉下来了。她伸头一看,下面还有好几个民工在施工。她急忙大声喊:"快跑!这批土要掉,快跑!"

大家听到喊声,纷纷跑开了,但是,有一个16岁的女孩年龄小,刚来没几天,就被吓蒙了,站在那儿一动不动。

大家都替她着急,她却不知所措。

就在这千钧一发的时刻,李改云一个箭步冲上来,猛地把她推了出去。

李改云推出去的胳膊还没有收回来,上面的大石块已经掉下来了……

16岁的女孩得救了,李改云却找不到了。

人们找了又找,始终不见踪影。就在人们心里快要绝望的时候,一个声音喊起来:"快看!那里那里!"人们顺着他指的方向看,几十米外,好像是,又好像不是。

团委书记原来山带人跑到几十米深的悬崖下,终于找到了李改云。李改云被碎石埋到了肩膀,一摸,还有呼吸!大家七手八脚去刨,先刨出左腿,后刨出右腿,但右小腿已开放性粉碎性骨折,只有几点皮连着。大动脉血管破裂后向外喷着血,血把泥和成了血泥,糊在李改云的右腿上。李改云已成了一个泥人、血人！人们用绳子在大腿处扎了几下，以防止大动脉再出血，早有人绑好了一个简易担架，连夜把她送往40里地外的人民医院。

到了人民医院，迅速展开抢救！但伤势太重了，伤口全部污染，医生建议截肢，以保住生命。

县委书记杨贵知道后，下了死命令："人要保住！腿也要保住！不能让英雄流血也流泪。"由于伤情严重，4月18日，河南省委派直升机把她接到郑州治疗了一年。她右腿没有截肢，但是落下了终身残疾。

当年3月18日，林县县委作出《关于开展学习共产党员李改云模范事迹的决定》，立即在修渠工地上掀起了向李改云学习的热潮。英雄人物的壮举，变成巨大的精神力量，推动了红旗渠的建设进程。

1966年，红旗渠竣工通水典礼时，她被评为红旗渠建设特等模范。

在当年李改云受伤的地方，渠上建了一座桥，桥的石头栏杆上刻着"改云桥"三个字，提醒人们，这里曾经出过一位舍己救人的女英雄，名叫李改云。

九、飞虎神鹰任羊成

走进红旗渠纪念馆，你会看到这样一幅照片：高高的、青黑色的悬崖上，一位修渠的民工腰间系着大绳，手里握着带钩长杆，像雄鹰一样荡在空中。你还会看到他的特写：头戴柳条编的安全帽，腰间拴着鸡蛋粗的绳子，咧着嘴憨厚地笑着。他嘴里，露出一个个大黑洞。他就是红旗渠特等劳模、除险队长任羊成。

创建飞虎雄鹰除险队

鸻鹉崖大会战时，首先要把悬崖峭壁上松动的石头除下来，避免伤亡事故再发生。可是，到悬崖峭壁上除险，本身就很危险！

在这个关键时刻，年轻的任羊成站了出来说："修渠就是打仗，打仗就有牺牲。我们不能因为有牺牲，就不打仗。不能因为艰苦，就不下崭除险。要

图38　飞虎神鹰任羊成（魏德忠拍摄）

除险，我去！我是党员，我愿意去把活石头弄下去，给大家开路。”

“我也参加！”一个人站出来报名参加。“我也报名！”又一个人站出来报名参加……

自此，红旗渠工地上一个特有的兵种——除险队成立了，12名除险勇士，队长就是任羊成。

阎王殿里报过名

但是，鸻鹉崖并不是那么简单就被征服的。为了除掉一个凹崖里的活石头，任羊成把自己高高荡起，从半空向凹崖俯冲，可一次次被老绳反弹回半空，就是够不着。

任羊成找了两盘120米长的小绳，接起来，系在腰间，准备让伙伴从崖下帮他荡进去。

那天，当任羊成高高荡起就要落下的时候，四个队员在崖下顺势拉绳，向凹崖里猛荡。接近了，再加两个人荡，又被老绳弹了回去。更接近了，再加两个人荡，任羊成像秋千一样越荡越高，越荡越猛。不好，小绳被拉断了，

图39 悬崖施工修大渠(魏德忠拍摄)

任羊成系在腰上的老绳拉直了,他被山风托住,好久没有落下来。

山风猛落,任羊成若同绝壁相撞,随时会有生命危险。

工友们赶紧在崖下跑动,准备搭救自己的队长。

好在一会儿山风小下来了。可一波未平一波又起,刚才在风中拉直了的老绳突然松弛,任羊成像一个捻线陀螺一样在半空中打起转来。

这是多么危险的信号!如果老绳被绞断,人摔下悬崖,后果不堪设想!

幸亏他急中生智,立刻伸直两腿,摊开双臂,在空中躺平身体,才逐渐恢复原状。

第二天,任羊成又出现在半空中。他指挥8名拉绳的伙伴猛拉快放,以流星般的速度冲向凹崖。刚刚靠近,便用远远伸出的抓钩牢牢勾住了早以看准的石坎。当老绳即将弹回的一刹那,取出咬在嘴里的钢钎,深深插进了一个石缝,同时迅速把腰沟挂在钢钎上了。

进去了！拉绳的伙伴赶紧撤离，活石头纷纷滚落在浊漳河里。

除险队征服鸻鹉崖的事迹传遍了修渠工地。有熟人问任羊成："咱就不怕死吗？"他豪爽地说："咱早就见过阎王爷了，人家不要咱。""除险队长任羊成，阎王殿里报了名"就流传开了。

门牙留给了太行山

有一次，任羊成在虎口崖除险。扫清了一段活石头后，需要再往下降绳子。他刚刚抬起头要向山上的队友喊话，一块拳头大小的石头扑面而来，不偏不倚，正砸在他的嘴上。任羊成感到脑袋"嗡"的一声，就失去了知觉。

过了好一会儿，他才醒过来。

他又仰起头准备向崖上喊话，但是连着张了几次嘴，却怎么也喊不出来，只觉得嘴是麻木的，又好像有东西压在舌头上。这是怎么回事？

他用手一摸，原来一排门牙竟被落石砸掉，压住了舌头，鲜红的血满嘴都是……

他没有时间多想，一伸手摸出挂在腰间的钳子，张开嘴巴就把钳子伸进去，钳住牙齿一用力，两颗血淋淋的牙齿就拔出来了。

嘴里还是不得劲儿，用手一摸，还有一颗。又把钳子伸进去，又拔出一颗来。

连拔三颗牙齿，疼得他直打哆嗦，冒冷汗。

他多想坐下来休息一下，哪怕是喘口气、攒攒劲儿也行。可是，不能被别人看到一丝一毫的异样，更不能让人知道他受了伤！万一让刚刚安心的人们恐慌起来，那可怎么办？况且，自己不除了险，崖下的民工没法上工，算了！他就这么使劲儿闭上嘴唇硬忍着，又在空中和往常一样工作，坚持了六七个小时，一直到天黑了，才收工回去。

回去后嘴肿得像个葫芦，吃不了饭，他背着人喝了一碗野菜汤，就早早躺下休息了。

第二天出工的时候，他的脸上多了一副口罩，副县长马有金看见了，说："羊成，咋戴上口罩了？"

"风吹得牙疼。"任羊成若无其事地回答。

“昨天晚上你怎么一直哼哼?”

“我没有哼哼,肯定是你听错了。”

“别哄我了,我命令你停止下崭,去医院看病。”

“不碍事,放心吧。”任羊成并没有听马副县长的“命令”,他同战友们一起,又投入了紧张的战斗。

腰间系上了“肉腰带”

战场转移到通天沟时,石崖两旁是獠牙一般的红圪针。

有一次,当任羊成脚蹬崖壁用力荡起时,由于石崖太窄,老绳从崖上滑了下来,他一下子跌在了山坳的圪针丛里,那半寸长的红圪针扎满了全身,猛烈的刺痛让他动弹不得。他忍着疼痛,举起抓钩,抓住石缝,才挣扎着爬起来,坚持作业。

晚上回到住地,他对房东老大娘说:“大娘,找个大号针,给俺挑挑背上的圪针吧。”任羊成一脱上衣,大娘吓得一愣怔,你咋扎成这样了?只见他一脊梁全是圪针。大娘一边叹气一边挑,一会儿就挑了一手窝。

挑完上身,任羊成又让大娘的儿子帮忙挑下身,一会儿又挑了一手窝。最后,任羊成自己把衣服上的圪针拽干净,才去睡觉。

第二天,任羊成像没事人一样又背上大绳除险去了。

由于每天拴腰下崭,任羊成腰间被下崭绳磨得皮破血流,留下紫一道红一道的血痕,慢慢地变成了一层茧子,像一条特殊的“肉腰带”缠在腰间。

十、少年特等模范张买江

在红旗渠三条干渠竣工总结会上,一位少年特等模范特别引人注目。

他叫张买江,家住的小店公社南山村当时没有一口活水井,一遇到干旱就得到离村五里的康街去挑水,甚至到离村十里的万泉湖去挑水。

父亲给他取名买江,恨不得买下一条江!这名字寄托着像他一样的山区百姓对水的无限渴望。

小买江虽然年龄小，但在家里是老大，弟弟妹妹们还太小，妈妈要照看弟弟妹妹，他 7 岁就开始用葫芦挑水做家务了。

买江爹张运仁会多种手艺，修渠动员时大队研究决定让他在家里搞生产，可他不同意。他说："眼下修红旗渠是头等大事，哪里艰苦就到哪里去，我是个石匠，更适合在工地上发挥作用。"

1960 年 2 月 12 日，他背上装满锤钻墨斗工具的帆布兜就上渠了。

转眼到了 5 月份，一天夜里，一阵杂沓的脚步声，受惊的鸡叫声划破了夜晚的宁静。小买江一骨碌爬起来就往外跑，正好迎见几个人朝他家走来，带头的是舅舅。

他们带来了一个坏消息，爹出事了。因为傍晚收工放炮时还有一炮没响，爹看到很多民工已经离开隐蔽地方了，就急忙跑出安全地带大声提醒别人躲避危险，结果自己没能及时跑远，不幸被石头砸中头部……遗体已经拉回来了。

爹走后的一天，买江娘到十里外的万泉湖去取水，结果在湖边的斜坡上不小心被人挤了一下，"扑通"一声就掉到了水里。幸亏湖边的人及时把她救了上来，才没有闹出人命，但是身上的衣服全湿透了，就一路穿着湿漉漉的衣裳回了家。

小买江放学以后听说了娘的遭遇，又害怕又心碎：如果娘再出事，姊妹五个可怎么活呀？他想爹，有爹在，就不用娘去取水了；有爹在，他就能修渠，修好了渠就有了水，就再也不会掉到水里了。可是爹牺牲了，这一切都成了泡影……他想来想去，一个念头渐渐清晰：爹能挑水，我也能；爹能修渠，我也能！

娘看出了他的心思，说："买江，你爹没把渠修成就走了，你去接着修。"小买江说："娘，我也是这么想的。"

1961 年的 2 月 18 日，农历正月初四。娘把他爹留下的工具挂到小买江肩上，说："孩子，去吧，不修成大渠，你就别回家。"

小买江眼睛噙满泪水，点点头，就这样走上了修渠的工地。

那一年，他 13 岁。

红旗渠工地，人喊马嘶，热火朝天：推石头的、垒渠岸的……叮叮当当、争先恐后，小买江看得摩拳擦掌。然而，到了那里，人家不收，还要撵他走。

“你这么小,还是个孩子,你能干啥呢?”小买江不走:“我什么都能干,我 7 岁就会用葫芦挑水!”有人竖起了大拇指:“英雄的儿子,没有孬种!”连长终于同意了:“那就留下吧,和泥需要水,你挑过水,你就先挑水吧。”小买江手舞足蹈,终于能参加修渠工作了。

可是很快,连长就变卦了,又不叫他挑水了,小买江不服,和连长理论:“为什么呀?”连长说:“我听说了,你的胳膊受过伤,还没有好利索,得给你换个轻一点的活儿。”小买江不干了:“我胳膊受伤,又不是腿脚受伤,挑水又不用胳膊,我能行! 不信? 咱就走着瞧。”

工地规定每天 14 担水,小买江为了能留下,担空桶时一溜小跑追赶别人的脚步,一天 14 担,一点也不落下。整整挑了七七四十九天,把带来的两双新鞋都磨透了底儿,脚底板上磨出了血泡,后来成了厚厚的茧子,可他从没有叫苦叫累。小店公社的工地上,大家都记得这个瘦小的身影,这个不服输的挑水少年。

民工锻石头的时候,钻头磨损得很厉害,需要经常到铁匠铺去修理——捻钻。连长觉得小买江人小、身轻、跑得快,就让他把钻往铁匠铺里送,捻好后再拿回来。小买江果然不负众望,跑来跑去,速度很快,还学会了给钻头淬火:火红的钻头像极了火红的小蛇,只见它“唰”地钻入水中,随着“滋滋滋”的响声,一股白烟冒出来,待上几秒钟,再把钻头拿出来,钻头已经成功冷却,颜色也由红变黑了,钻头变得更硬了。

小买江不满足了,他不想这样“小打小闹”,他想干大事儿。那时放炮是工地上的“主角儿”,作业面都是炮崩出来的,放炮还威风,一炮下去,石裂山倒,更刺激、更有意思,于是小买江想学放炮。但他已经懂得“未雨绸缪”,觉得连长很可能会嫌他小而不同意,所以他就先做了“功课”,一有时间就找有经验的炮手郭毛学习技术。经过一段时间的学习,小买江逐渐掌握了放炮的技术,就找连长要求当炮手。连长连连摇头,不屑地说:“你是个孩子,放炮是大人的事。”小买江就求郭毛帮他说话,郭毛对连长说:“别看这孩子年龄小,可心眼机灵,腿脚又快,放炮肯定能成。”连长见炮手都说得这么肯定,终于答应了。

小买江心灵手巧,腿脚勤快,在保证安全的前提下,还学会了怎么节约炸药,做各种放炮的记号标记,做炮捻,掌握控制放炮速度、防哑炮、排除哑炮的方法……

十一、神炮手常根虎

1958年,常根虎就参加了南谷洞水库建设,学会了打眼放炮、崩山取石的一套硬功夫。南谷洞水库工程一结束,不满30岁的他就迫不及待地来到红旗渠工地。

用炮崩出渠路

常根虎凭着原先那股把石头炸飞的硬劲,投入了在太行山腰里炸渠路的战斗。

"咚!咚!咚!"常根虎第一次炸石的炮声响了。

"三炮崩出五米渠路,这下工程进度可要加快啦!"一些民工走出隐蔽地带,看看炸开的渠路,瞅瞅崩跑的石块,都啧啧称赞起来。

正当常根虎为第一个回合的胜利而洋洋得意的时候,在渠道检查爆破效果的郭百锁来到了跟前说:"你三炮炸出五米渠道,这是很大的成绩,可是你也把渠底炸坏了四米!"

常根虎低头一看,脸顿时晴转多云了。

晚上,总结会在指挥部小小的办公室里召开。

"南谷洞与咱这里都是放炮炸石头,但那是崩山取石,这是炸石开渠,南谷洞的经验不能照搬。"

"炸石料和开渠道是两码事,那是炸石越多越好,这是要把渠道炸好。"

"爆破的关键是打炮眼。渠道要求起石8分米,你就打8分米的炮眼。炸药往下一坐,就把渠底崩坏了。"

总结会使常根虎的思想认识水平大大提高了,他开始动脑筋想窍门。

总干渠延伸到谷堆寺北边的一个山头,要经过一个一整块岩石构成的山嘴。山嘴下边是滚滚的漳河水,要在山嘴上开出渠路。

郭百锁和常根虎来到山脚下,望了望突出到漳河上空的山嘴,爬上去观察了这个由岩石构成的山头,又看了看设计人员插下的渠路标志。

常根虎深思着，怎么样在山嘴上炸出渠路，又不让整个山嘴塌陷下来呢？

“为了保证外边不塌，在山嘴和老山连接的地方，向横深处打洞，打到山嘴肚里，再向老山一面拐个药洞，放个拐弯炮，让炸药的劲头往老山一面使。这样有一百斤炸药就可以把上盖炸开。”

郭百锁听了打心眼里高兴，就召开会议并讨论通过了常根虎提出的爆破计划。

经过了七八天的奋战，一个拐弯炮洞打成了。常根虎小心地装进了一百斤炸药，细心地放好雷管和导火线，用黄土磁好了洞口。随着一声巨响，山嘴后部的盖子揭开了，略加清理，就成了理想的渠道。

常根虎从失败和成功的对比中，逐步掌握了符合工程要求的爆破方法：把开凿渠道宽窄深浅的要求和山头形状、石头性质等具体情况结合起来，确定打什么眼，放什么炮，按人们的设想开出渠路。

随着阵阵的炮声，渠道迅速地向前伸展。

一炮崩下半座山峰

红旗渠空心坝155米的大石坝，加上铺底、镶帮、修消力池等附设工程，要用数万立方米的石料。民工们把近处的山沟、河滩里的大石头用光了，仅仅凑集了几百立方米。怎么办？

常根虎约了几个人，一起上了山。他们攀着石头，爬呀爬呀，个个累得满头大汗，终于爬上了崭顶。到上边一看，不禁大失所望，石头质量不好，不符合筑坝的要求。但是在他们面前，却耸立着一堵大石壁，直溜溜地指向晴空。从下边看来，石头质量不错，但是上边怎么样呢？后边和老山的联系又怎么样？是不是可以爆破呢？只有到上边去，才能看个究竟。

他们面对石壁凝视了很久，谁也没有吭声。

“我上去！”常根虎说。

“有危险呐！”大家异口同声地劝阻。

常根虎抬头看看那险恶的石壁，心里确实有点害怕。但是，他没等别人再说什么，不顾冬天的寒冷，脱下棉袄，扯掉鞋袜，光着脚走到石壁面前。他脚趾蹬着石缝，双手抠着岩石，艰难地一点点地向上爬去。停留在壁底的伙

图40　神炮手常根虎(魏德忠拍摄)

伴,看到他这“飞崖走壁”的险景,不禁为他捏了一把冷汗。常根虎爬到50多米高的时候,汗水从他仅穿的单布衫上浸润出来,他已经累得筋疲力尽了。坚持,再坚持,坚持就是胜利。半个小时过去了,常根虎凭着他那征服天险的勇气和智慧,终于爬到了100多米高的直立石壁上。他回头望了一下,伙伴们还在伸着双手,时刻防备着。“怎么样?”战友们高声问道。“很好,后边有道裂缝,正好在那里打眼放炮。”常根虎在壁顶信步一周,兴致勃勃地回答。

第二天,常根虎带着几个伙伴一起上山了。他们在山间裂缝里,抡锤打钎,钻眼凿洞。他们的脸被风刮得裂了血口,手被石磨得像树皮,身上的棉衣开了花。他们一个劲地干下去,一个纵深8米、横拐5米、药洞2米的老炮洞,终于打成了。这一炮共装炸药750公斤,细煤面500公斤。一炮点响,山崩石裂,流石滚滚,劈下了半座山峰,崩下石头11 000多立方米。

神炮手是崩出来的

为了彻底解决筑坝的石料问题，常根虎独自一人带着干粮上了比南岈更加险要的另山。他绕过悬崖恶岈，翻过峡谷深沟，穿过荒草野林，爬到了另山顶上。他发现这个山头上大下小，只有一小部分和后边老山接连，下边还有一个岩洞，在那里打眼放炮，一炮就会把山崩下来。

当指挥部批准他的方案后，常根虎领着战友带着工具爬到了另山顶。

他把老绳往腰里一系，把铁锤、钢钎往腰里一别，一手抓着伙伴拉紧的"溜绳"，一手抓住"除险钩"，就顺着悬崖下岩洞。他想，要是这个岩洞是个理想的炮洞，那就可以省去打钎钻眼的工夫，及早解决石料问题。于是，他打算到洞里去看看。可是，身子悬在空中，离洞口有五尺多远，怎么能进去呢？

胆大艺高，常根虎双手紧握手中绳子，机智地用"保险钩"，对准山腰突出的岩石，猛力一推，身子向半空荡去。当身子荡近洞口时，又双脚一蹬，身子荡向更远的地方，第二次荡回时，他双腿一伸，"除险钩"抓住洞口的岩石，轻巧地钻进洞里。岩洞约有 8 米来深，正好可以当作爆破的药洞。他当天就在这里戳帮清底，掘进两米。

第三天，常根虎下到半山腰的时候，身上拴的老绳，"嘣"的一声断了，顶上的伙伴惊出了一身冷汗。可是，常根虎双手握住"溜绳"，身子一直向下滑去。尽管双手磨去了表皮，胳膊碰出了血，仍然沉着镇静。后来，他用脚蹬着岩石，一手抓住"溜绳"，一手把身上的老绳接好，按照过去的办法钻进洞里，继续清理岩洞。

常根虎在半山腰七进七出，打成了一个纵深 10 米的炮洞，用了 400 公斤炸药，崩下了 10 000 多立方米料石。

十二、钻洞能手王师存

王师存上山修渠的时候刚好 30 岁，正是年富力强的精干力量，他被任命为东卢寨大队施工连长。他和本村民工一起踏险峰，攻难关，闯过很多艰难险阻，成为一员骁将。修总干渠征服“流沙河”一样的石子山时，他不幸从山上滚下来，脸上落了个10厘米长的大伤疤。

当三干渠修到他的家乡时，需要从他们村的卢寨岭下挖一条3898米长的大型隧洞——曙光洞。

东岗公社分指挥部指挥长傅生宪对修这么长的洞子有点担心。尽管东岗公社在修总干渠时征服石子山攻下了红石崭，打出了威风，争得了一个“无坚不摧”模范营的好名声，可如今要在卢寨岭肚子里钻一个近4千米长的大窟窿，何况这里除有坚硬的岩层外，还会遇到裂隙水渗、流沙或断层等问题，谈何容易？

王师存接受开凿曙光洞任务后，心情非常激动。他说：“现在红旗渠总干渠修通了，漳河水流入林县了，俺大队也不能看着渠水种旱地。卢寨岭就是一座铁山，也要戳它个大窟窿。”

分指挥部在卢寨岭洞线上，沿途布设了34个竖井，然后从每个竖井里向两头凿平洞，这样把打洞工作面由18个增加到70个，加快了整个隧洞的进度。

王师存率领的东卢寨连战斗在34号竖井上，他以身作则，和队员日夜奋战，工程速度最快。

随着竖井的不断加深，大白天施工井下也是一片漆黑，王师存就把自己家里的马灯提到工地照明。大家看连长提来自己家的马灯，也都默默地各自提来马灯或油灯照明。

放了炮硝烟弥漫，光排烟就得四五个小时，严重影响施工进度。王师存二话不说，冒着生命危险就下洞用衣服赶烟，还创造了风车和用抬筐插上树枝上下拉拽赶烟雾的办法赶烟。

由于办法得力，他们提前50天完成了本村承担的施工任务。

完成自己的任务后，王师存又主动与大家商量协助兄弟连队凿洞，承担了26号竖井上最艰巨的一段工程。

26号竖井有23米深，在竖井半腰遇到了流沙层、地下水，施工困难，王师存带头冒水挖凿。

当平洞打到100米长的时候，突然遇到严重塌方，他和大家商量，采取边开凿边券砌的办法，保证凿洞的进度和质量。

图 41　钻洞能手王师存(图片来自资料)

有一次,他和民工付黑旦正在紧张地挖洞,塌方发生了,他俩被堵在洞里。随着时间的流逝,空气愈来愈稀薄,马灯熄灭了,呼吸也变得困难。他俩都知道这意味着什么,王师存鼓励同伴说:“不要慌,外边的同志也在营救我们。我们从里往外挖,只要还有一口气,就要挖出去。”

王师存用钢钎猛击洞壁,传递洞中消息。外边的人听见里边有声音了,说明他俩还活着,也加快了挖渣速度,终于从石渣顶部挖了一个小孔。他让付黑旦先爬出去,自己才爬出来,俩人都脱了险。

王师存和广大建渠民工一起,克服了种种困难,终于于 1966 年 4 月 5 日钻通隧洞。广大群众称王师存是红旗渠上的“钻洞能手”,一不怕苦、二不怕死的凿洞英雄。

十三、杨贵修渠轶事

杨贵是红旗渠的总设计师。人们这样评价他:“古有都江堰,今有红旗渠，古有李冰，今有杨贵。”1954年，杨贵被调任为中共林县县委书记，当时的他便下定决心，不管遇到多大的困难，一定要改变贫穷落后的林县。

带头捐席子

修渠民工奔赴太行山的那天，杨贵还在郑州开会。一回来，他立刻就到修渠工地走访了解情况。

在现场，看到很多民工住在阴冷潮湿的帐篷里，有的住在野地里，有的用秸秆搭个窝棚，有的干脆露天住着。杨贵觉得有些心酸，不知不觉就掀起被褥查看，看到大家铺的都是茅草，他扭头问后勤部门人员：“为什么不铺席子?”后勤人员回答：“去领了，但没有领到。”杨贵马上给供销社的同志打电话，对方说：“杨书记，由于物资很紧张，实在是没有了，连我们主任的席子都送到渠上了。”

杨贵听罢，再看看四周，民工们在热火朝天地干活儿，但环境艰苦。如果长期风吹雨淋，加上蚊虫蛇蝎的叮咬，渠没修成，人却病了，这还得了?

回到县委机关后，杨贵当即就把自己床上的席子抽了出来，送到了办公室。

他同时安排，通知县直机关和厂矿企业的干部职工，通报前线的急迫情况，希望大家献出爱心，支持前线建设。

林县广播站很快就播出了一则紧急通知：引漳入林工程中很多民工住在野地里，不能遮风挡雨。县委号召，县直各单位和厂矿企业的干部职工，县城各村、各家庭，献出爱心，向修渠前线捐献席子，为前线的民工同志们遮风挡雨。

听着反复播放的广播，又听说杨贵书记把自己睡的席子都拿出来了，县直机关和厂矿企业的干部职工纷纷从自己的床上抽下席子，送往县政府。在县政府旁边的小广场上，短短两天时间，就堆起一座“席子山”，有5000多张。

为敢于讲真话的“同志”出头

1961年的春天，林县又遇上了严重的干旱，全县有16万人面临吃水困难，眼看着漳河水流入河口村又泄入漳河，仍在休整的民工再也坐不住了，纷纷向县委要求继续修建红旗渠。

“百日休整”已经半年，杨贵也憋不住了，他与常委们商量向红旗渠增加劳力，尽快凿通青年洞，并全面展开二期工程。有的领导有顾虑，休整仍在继续，保人保畜是头等大事，如果县委擅自决定向红旗渠上人，一旦有闪失，可要当作典型被抓了。杨贵在会议上分析了当时的有利条件，说咱们还有3000万斤统销粮，再抽出几百万斤补助红旗渠工地，不会出啥问题。于是，县委又一次达成了共识。

6月7日，在林县第三届人民代表大会第二次会议上，全体代表通过了续建红旗渠工程的决议。6月9日，县委、县人民委员会作出了《关于红旗渠续建工程施工方案的决定》，参与红旗渠建设的民工增加到6200人。

然而，随着红旗渠的步步延伸，县委却面临着不小的外部压力。1961年7月，时任中共中央书记处书记、国务院副总理谭震林在1958年毛主席视察过的新乡七里营人民公社蹲点。不久，谭副总理在豫北宾馆主持召开了新乡地委会议，纠正农村出现的偏差。在这次会议上，地委有人趁机向他歪曲反映说：“林县群众没有饭吃，把树皮剥去了，县委为了高举红旗，不顾群众死活，还在大搞红旗渠建设。”“群众生活这么苦，还让劈山修渠，比秦始皇修长城、隋炀帝修大运河还要苛刻。”会议上领导批评了林县县委，小组讨论时，参加会议的林县县委组织部部长路加林说：“领导同志批评林县，所谈的情况不符合实际。”领导同志听了此话，误认为这个组织部部长不认识错误，不让人说话，是违反“三不主义”（不扣帽子、不揪辫子、不打棍子），决定撤销路加林的职务，调离林县工作。会议当即宣布对路加林的撤职处分，并通知各县县委书记于7月14日到地委开会。一时间泰山压顶，气氛十分紧张。

杨贵到会并了解会议进展情况后，提出三条意见：第一，组织部部长路加林的意见是对的。如果把实事求是讲真话说成是违反“三不主义”而撤销职务，这才真是违反“三不主义”。第二，我不同意撤销路加林的职务。如果修建红旗渠是错误的，责任在我，由我承担。第三，请地委将我的意见报告省委和党中央。

7月15日，各县县委书记发言，杨贵也做好了被撤职的准备。他在发言中说：“修建红旗渠是林县人民的迫切要求，如果说修红旗渠有错误，撤我的职可以，撤路加林的职我不同意。”接着，杨贵说了林县干旱缺水，16万人翻山越岭取水吃，以及大部分建渠民工已回队搞农业生产，只留小部分在凿青年洞，林县各社、队还有一定数量的储备粮！绝不是有些人所说的情况。这一意见申述后，得到了与会同志的理解。

之后，谭副总理让人到林县实地调查，认为杨贵和县委反映的情况属实，提出的意见正确。随后，恢复了路加林组织部部长的职务。

团结一致向"渠"看

当杨贵发现修红旗渠没有最初想得那么简单时，他不仅想方设法克服困难坚持修渠，而且时时警醒自己"修不成大渠自己就是罪人"。

尽管小心翼翼，时代的风云还是把杨贵卷了进去。

在那个特殊的年代，一些造反派诬蔑红旗渠是"黑渠""死人渠"，杨贵一夜之间变成了"走资派"，受到了非人的折磨和批斗，不仅被罢官、禁闭、毒打、批斗……还差点丢掉性命。

几个充满正义感的来自中国科技大学、北京地质学院的大学生来到林县，他们不理解为什么会批斗杨贵，就认真调查分析，发现对杨贵的指控根本站不住脚，杨贵是个好干部。他们帮杨贵分析，可能是"个别领导有成见""受过处分的人有偏见""工作方法上得罪过人"。他们和有正义感的林县人民一起保护杨贵，费尽周折，先后辗转山西、北京等多个地方。在新华社、人民日报几个记者的帮助下，经过周恩来总理亲自指示干预，到1968年三月底经河南省革委、省军区调查清楚，时经近两年终于真相大白。

1968年4月28日，林县革命委员会成立，杨贵被任命为革委会主任。上任前，杨贵就开始研究红旗渠配套工程建设。上任后，立刻排除各种干扰，启动被耽搁两年的支渠建设。他和同志们交底，红旗渠配套工程一定要抓紧抓好，修不成就对不起60万林县人民。

1969年7月6日，红旗渠全面竣工，庆祝大会终于胜利召开。

20世纪70年代，杨贵再次受到批判。也是经周恩来总理出面，毛泽东主席批示同意，事情才得到解决。

1972年11月，杨贵回到林县，在8000人的大会上，他动情地说，感谢大家对他和县委的理解、信任和支持！自己有不少缺点和错误，工作上急于求成、脾气急躁，谦虚谨慎不够，有时工作方法不当，可能有意无意伤害了一些同志，向所有受过委屈的同志道歉！从今以后，大家团结起来，同心协力，把林县建设得更好！……

会场上爆发出长时间的掌声！

十四、风门岭下的“前仆后继”

红旗渠修建配套工程时，河顺魏家庄大队决心要在风门岭上开凿一条2 500米长的钻山隧洞把渠水引进来。

风门岭山高石头硬，隧洞工程困难连连。积水、塌方、硝烟是工程中的三大难关，不时在为难着这群为梦想而战斗的修渠人。

为了加快进度，扩大工作面，就在山顶开凿了15眼竖井，最深的竖井有77米之深。在技术条件落后，生活条件困窘的当年，工程难度之大，任务之重，可想而知。

刘先英是共产党员，也是队里的妇女主任，她看到井下劳力不足，进度缓慢，看在眼里，急在心里，便报名下井和村里的男人们一起打平锤、钻隧洞、出石头。在她的影响下，村里的一些姑娘们也不甘落后，纷纷报名下井劳动，掀起了“家家参与，人人参与”的修渠热潮。

刘先英见弟弟刘秋才初中毕业，身体长得壮实，就鼓励弟弟说，“你看咱渠上缺人手，进度也得赶，你甭上学了，跟姐姐到渠上干吧，争取早日完工通水。”秋才虽然年纪小，但眼看着姐姐、邻居们都在修渠，为通水整日忙碌着，早已摩拳擦掌，跃跃欲试，一听二姐这样说，高兴得满口应承。

刘秋才到了渠上，吃苦耐劳，勇挑重担，从学推小推车开始干了起来。开始小推车在刘秋才手里歪歪扭扭，时不时地就倒在地上，甚至翻进了沟里。年长的大叔们告诉他一句顺口溜“推车不用学，全靠屁股活”，聪明的秋才通过勤奋练习，很快地掌握了推车的技巧，他又肯卖力，在修渠工地上逐渐成了一把好手。

由于施工的竖井很深，每次放过炮后，浓烟短时间内排不出去影响进度，这就需要有人冒着中毒的危险下井，用衣服把烟赶出来。在一次下井施工前，刘秋才在井口拦下别人，抢着说："我年轻，下井利索，让我下去赶烟吧。"谁知这一下竟成永别，刘秋才被井下未散的硝烟呛倒，献出了17岁稚嫩的生命。

后来，妹妹刘朋英也16岁了，渠上依然缺人手，二姐刘先英拉着刘朋英的手，心怀忐忑地说，"朋英，你二哥走了，他没有完成的任务，你敢接着干吗？"

刘朋英虽然个子不大，但生性倔强不服输，她头一昂："二姐，别说了，我愿意去！"老母亲眼含热泪，转身进屋找出刘秋才曾经使用过的垫肩，郑重地交到了刘朋英稚嫩的手上。姐姐把她带到了风门岭上的井口，指着井口说，"井里很深很黑，你怕不怕？"

刘朋英笑笑："放心吧，姐姐，我不怕。"系上绳套，就下井去了。后来队里看她年纪小，安排她开绞车，查安全。在井下她总是抢着干这干那，熟练地检查设备，叮嘱大家注意安全。她干活儿麻利干脆，说话爽朗，眼里有活儿，在渠上，提到刘朋英，人人都竖大拇指。

竖井有70多米，隧洞只有一米多高，地下还有积水，刘朋英和社员们只能弯着身子行走。在洞里刘朋英总是或蹲或跪，扶钎抡锤，从不叫苦喊累。当时她只有一个信念，争取早一天把隧洞凿通，早一天把水引过来。

三干渠反修隧洞建成以后，刘朋英被选为"红旗渠建渠模范"。

渠边的石碑上写着风门岭反修隧洞专业队为"前仆后继专业队"，刘家三姐弟的感人故事在当地广为传颂。

十五、隐婚风波传佳话

1962年夏季的一天傍晚，天气闷热。在林县任村公社卢家拐大队的打麦场上，县直工业五连连长孙黑喜和一帮工人刚吃过饭，坐在帆布篷外，一边纳凉，一边讨论着红旗渠工地上的任务。

红旗渠工地组建了连队，实行半军事化管理。县直工业五连共有100多人，分别来自棉纺织厂、印刷厂、化工厂、化肥厂等企业，但一半的人是来自孙黑喜所在的棉纺织厂。

一个工人悄悄地向孙黑喜报告:"连长,咱厂的女工李保珍和印刷厂的关山虎睡到一起了。"孙黑喜听后惊得头都大了。在当时,男女作风问题可不是小问题。

孙黑喜正打算派人通知二人过来说明情况,这时,一个工人说:"咱厂的李海云和李保珍是一个村的,可能知道这件事,要不先问问她?"

不一会儿,李海云从村里的驻地摸黑赶了过来。面对连长的盘问,她只好道出保守了数天的秘密。

原来,李保珍和关山虎早就处上了对象。李保珍是城关公社一个山村的,20岁了。春节前,两人计划来年五一办婚事。可一过春节,厂里就动员大家支援红旗渠建设。为了这项造福子孙万代的工程早日完工,两人不假思索踊跃报名。幸运的是,两人都分到了五连。

渠上工作非常艰苦。在青年洞西边的马牙沟工地上,男工们忙着打眼放炮,里劈外垫,和泥垒渠,女工们忙着从漳河边往山上抬水、抬石灰,肩膀都磨出了血泡。最让人难挨的是吃不饱。工人们是商品粮户口,每人每月定量供应14公斤粮食。渠上的补助粮不分给他们。厂里知道渠上劳动强度大,粮食缺,就动员在家的职工每人每月捐出1公斤粮食,支援渠上。他们中午一人两个杂面馍,喝白开水;晚上吃的是玉米面糊糊,根本填不饱肚子。晚上饿得睡不着,他们就从老乡家里讨碗热水,泡上一把花椒叶,喝后才能勉强入睡。

千难万难,民工们都坚强地挺着。即使是那些看似柔弱的女工,也从没有喊过疼、叫过苦、说过累。有时在僻静处,有些人会偷偷地抹眼泪。但在人前,她们照样会咬紧牙关,风风火火地干起来。五连的"铁姑娘",个个赛男人,让许多人刮目相看。一个叫朱凤仙的女工,抬杠子造成了骨折,但她以为只是伤了筋骨,硬顶着不下工地。多年后做检查,她才知道当年是骨折了。

在这样你追我赶、拼命硬干的劳动氛围里,李保珍和关山虎也不甘落后,从不请假,奋战在渠上。一眨眼,五一节过了,他们把婚事一拖再拖。

六月的天无比闷热,渠上的活儿无比艰辛,但这些根本阻止不了两颗相爱的心在一起!

一天傍晚,两人吃了饭,叫上见证人——李保珍的本家李海云,趁着暮色,向任村公社走去,目的是办理结婚登记。

他们沿着漳河跋涉了几个钟头，终于赶到了任村公社。但夜已经深了，公社大门紧闭。他们好不容易把门叫开，向被叫醒的民政干部说明来意。听说他们是为了不误白天上工，所以赶着晚上来公社结婚办证，公社干部被他们的精神感动了，马上就给他们开了结婚证，还祝福他们白头偕老。

午夜过后，他们才赶回卢家拐住地。第二天一大早，他俩好像什么事也没发生，继续上工。旁人丝毫没有觉察到，他们互看的眼神，已完全不同于往常。到了晚上，两人才偷偷住到一起。

没有想到，这种情况还是被人发现了。

听了李海云的讲述，孙黑喜放下了心。但他还是有点恼火："工地上结婚，这么大的事情，为啥不报告？"

"连长，你怪不得他们。你不是经常教育大家，修渠要舍小家、顾大家，赶时间、赶工期？说啥'战晴天，抢阴天，扑淋小雨当好天'。所以，他们两个才赶着黑夜去偷偷结婚。"

孙黑喜一时语塞，点点头，不再说什么。他为自己连里有这样的好青年而感动。

十六、来自团中央的鼓励[①]

1959 年 11 月 6 日上午，头戴灰色解放帽、身穿黑色呢大衣的时任团中央书记胡耀邦风尘仆仆莅临林县。

胡耀邦一进林县县委办公室，就要看林县地图，一边看，一边请杨贵介绍林县几处山区建设工程的地理位置。顺着杨贵的指点，胡耀邦一一查看，然后站起来说："小杨同去，我们去看看这几处工程。"

"现在？"杨贵疑惑地问。

"就现在！"胡耀邦的口气不容置疑。

胡耀邦轻车简从，在杨贵的陪同下，首先视察了要街水库和英雄渠，这

① 本节参阅郭青昌编著的《人民的红旗渠》(河南人民出版社)第 52 页《团中央书记胡耀邦视察林县水利工程》，并整理而成。

是近两年林县山区建设的代表工程。

在要街水库旁，胡耀邦深情地望着一湖碧波，详细询问了坝高、投工等工程数据，完成土石方和工程效益等情况，杨贵一一做了回答。胡耀邦听后连连点头称赞，对随同的省、市领导和杨贵等人说："林县贯彻中央山区生产座谈会议精神，掀起以大办水利、植树造林为主的山区社会主义建设新高潮，搞得很好，符合党中央和毛主席的指示要求，组织干部学习理论，加强理论思想作风建设是搞好山区建设的组织保证。"他还嘱咐搞好水库的管护工作。

在英雄渠的渠岸上，胡耀邦蹲下身去，不顾寒冷，捧起英雄渠的水洗了一把脸，心情格外畅快。杨贵边走边介绍说："英雄渠从山西省壶关县苏家坪村西引淅河水入林县，渠道拦河坝长 80 米，修建大小建筑物 81 个，完成土石方 46 万立方米，投资 83 万个，投资 39 万元，可浇地 12 万亩。"

走到一处石崖边，胡耀邦看到石崖上写着："头可断，血可流，不建好林县不罢休"，便驻足观看。杨贵说："这是青年们写的，他们确实也是这样做的。像要街水库、英雄渠等都是他们干出来的。"胡耀邦感慨地说："林县青年真有志气，我要向全国青年推荐你们的经验，号召全国青年向林县青年学习。"

在县城吃过午饭，胡耀邦没有休息一下，考察了新落成的城关公社居民大楼。

下午，胡耀邦一行驱车 10 多里，上西山，视察了初具规模的黄华牧场后，来到了他念念不忘的林县第一中学(下文简称为"一中")。

原来，1955 年 7 月，教育部和团中央联合召开第二次学校工作会议，时任一中团委书记的徐礼栓作为省模范团干部光荣出席了这次大会，并作了《教育青少年为建设社会主义强国牢固地掌握科学知识》的经验汇报，受到会议重视。第二年春季，胡耀邦即派工作组，来一中了解情况，并撰写了《教育与生产劳动相结合的典型》的调查报告，先后在《中国青年报》和《人民日报》登载。

几年来，一中一直得到胡耀邦的亲切关怀，师生们以此为荣，并以此为动力，各方面工作十分出色。现在，听说胡耀邦要来一中了，师生们更是激动不已，有的甚至还专门找来新衣服换上。当胡耀邦来到一中时，整个校园掌声雷动。胡耀邦一边环视一中校容，一边与学校领导和师生们亲切交谈，并听取了新任校团委书记秦秀生的工作汇报。他对一中的工作表示满意，并鼓励全校师生，要积极响应毛主席在全国团代会上发出的号召，做“学习好、身体好、工作好”的“三好学生”。胡耀邦还与全体师生合影留念。

下午5时许，胡耀邦与全体师生热情告别。

胡耀邦的时间观念很强，他不但中午没有休息，就连听杨贵的汇报也是在考察途中，而没有专门坐下来。在车上、在视察现场、在饭桌旁，杨贵向胡耀邦汇报了林县山区建设的有关情况，苦战五年“重新安排林县河山”的奋斗目标；介绍了全县开展植树造林、涵养水源、控制水土流失的工作汇报；介绍了光秃秃的龙头山营造爱国青年林的具体行动。胡耀邦听后高兴地说：“植树造林、绿化荒山是建设山区的百年大计，山上有了树也就有了水。”杨贵又介绍了以治山治水为中心的林县农业发展十年规划。对这一规划，胡耀邦连声称赞说：“有气魄，你们下定决心，让太行山低头，令淇、淅、洹河水听用，逼着太行山给钱，强迫河水给粮，从根本上改变林县面貌，表现了一个真正的共产党人敢于改造自然的雄心壮志，定能结出丰硕果实。希望你们在山区建设方面为全国树立一个样板。”

杨贵还对胡耀邦说：“为了彻底解决林县缺水问题，县委已经决定兴建引漳入林水利工程，把漳河水从山西引入林县。正好是今天，我们已把《中共林县委员会关于“引漳入林”工程施工的请示》分送新乡地委和河南省委审批。”听了引漳入林工程，胡耀邦打住杨贵的话头，让其再详细地加以介绍，并提出自己的建议。他说：“你们想长远，干大事，就是要充分发挥广大群众建设社会主义山区的积极性，青年打先锋，书记当元帅，群众作后盾，取得各项工作新的成就，使林县走在全国山区建设的前列。”

胡耀邦离开林县后，于11月8日上午在新乡专区青年夺取1960年小麦特大丰收誓师大会上讲话时说：“林县有个英雄渠，好几万人干了两三年，都是青年，他们是建设社会主义的英雄。”他还号召全国青年向林县青年学习。中共林县县委及时传达胡耀邦对林县工作的指示，在青年中广泛开展为山区建设建功立业的活动。11月19日，县委隆重召开山区建设青年积极分子誓师大会，广大青年一致表示，绝不辜负胡耀邦同志的殷切希望，要把美丽的青春献给火红的山区建设事业。第二年，引漳入林号角吹响，广大青年豪情满怀走上修渠一线。

第五章

历久弥新

红旗渠的引水灌溉功能可能会随着时间推移逐渐减弱，乃至废弃，那么红旗渠精神会不会过时？

2022 年 10 月 28 日，党的二十大刚过，习近平总书记就视察了红旗渠，语重心长地说："今天，物质生活大为改善，但愚公移山、艰苦奋斗的精神不能变。红旗渠精神永在！"①

红旗渠精神源远流长，它是自强不息的民族精神在林县人身上的集中爆发，也必将在岁月的浸润下日益焕发出更蓬勃的生机和活力。

红旗渠从开始建设，就受到了毛泽东、周恩来等党和国家领导人的关心和帮助。周恩来总理曾不断向外国友人推介红旗渠，李先念副总理曾陪同卡翁达总统一起登上红旗渠。后来，许多党和国家领导人都很重视红旗渠和红旗渠精神的传承；多位党和国家领导人曾考察了红旗渠，并为红旗渠题词。

1990 年，林县县委总结提炼出红旗渠精神，作出关于宣传、继承和发扬红旗渠精神的决定。随即，安阳市委予以转发，河南省委掀起弘扬红旗渠再造辉煌的水利建设高潮。1993 年，国务委员陈俊生写出了《关于河南省林县自力更生、艰苦创业精神的调查报告》，红旗渠精神受到中央高度重视。红旗渠和红旗渠精神的宣传学习越来越产生出巨大的影响和效益。

如今，林州人民发扬红旗渠精神，谱写了当地发展"战太行、出太行、富太行、美太行"四部曲，把昔日的贫困山区建设成了现代化的新型城市和生态宜居旅游城市。新时代的林州更加重视红旗渠精神的传承，红旗渠干部学院、红旗渠廉政学院、红旗渠精神营地相继建成，红旗渠精神在各阶层得到弘扬，红旗渠精神进校园已经在全国铺开。

红旗渠精神也名扬海外。日本桥梁专家深谷克海从 1976 年 5 月到 1995 年先后 12 次来林县参观，他说："在当今物质文明发展的今天，全世界很需要精神文明，就是红旗渠精神，即现代化＋红旗渠精神＝世界更美好。"

弘扬红旗渠精神，需要建设好每个人自己的"红旗渠"，建设好集体和祖国新时代的"红旗渠"。

---

① 选自 2022 年 10 月 28 日，习近平总书记在河南安阳考察时的讲话。

一、让红旗渠走向世界[①]

1957年11月初，全国山区生产工作座谈会上，杨贵对林县山区建设的情况、经验和存在的问题进行了汇报。没有想到，周恩来总理看了简报上杨贵的发言，认为很好，专门派了一位同志到当地，把林县的缺水、地方病、交通、群众生活、群众要求，以及杨贵的工作简历等情况一一认真问询。而这位同志回去向周恩来做了汇报后，关心民生疾苦的周恩来总理专门安排了一支专家组成的医疗工作队（当地称北京医疗队）驻扎林县检查巡诊和研究，坚持了20多年，为林县人民的健康带来福祉，也打开了周总理关注林县的窗口。

总理的关心，增加了修渠的动力

1961年7月在豫北宾馆召开的地县会议上，有人反映，林县群众没有饭吃，还在被迫修红旗渠。结果，会议批评的炮火对准了林县。虽然杨贵解释了真实情况，并据理力争，但心里还是蒙上了一层阴影。

是年9月，杨贵带着压力去省城参加省委召开的会议。省委书记刘建勋却满脸喜色地对他说："豫北宾馆会议的做法，我不赞成。前段我在北京开会，周总理还专门问'林县修建红旗渠是件好事情嘛，是什么人有意见呢？'我说，有意见的人心中没有人民！周总理对林县工作很关心呐！"

听着刘建勋的话，杨贵像是吃了定心丸，心情顿时多云转晴，神采飞扬地向刘建勋汇报起了林县下一步工作。

---

① 本节根据魏俊彦、崔国红主编的《林州热土领袖情》（中国文化出版社）第27页《共和国总理的红旗渠情结》整理而成。

刘建勋对省长吴芝圃说，红旗渠那样大的工程，不支持一点钱说不过去。我看，要从今年省里的行政经费节约下来的钱里，给林县解决一两百万元，他们的自力更生精神太好了。吴芝圃爽朗地答应了。

杨贵从省城回林县了，带给林县人民周恩来总理对修渠的关心和省委、省政府的重视，这个喜讯带给红旗渠工地一个巨大的动力，千军万马战太行更是铆足了劲儿。

总理的保护，让红旗渠得以完善

1966年，正当红旗渠支渠配套工程建设全面铺开之时，出现了反对修建红旗渠的声音，说什么"林县是走资本主义道路的黑典型"，红旗渠是"死人渠"，修渠者是"罪人"，工程技术人员成了"臭老九"。这些人还给河南省委、中南局、党中央发电报，要求撤销杨贵的县委第一书记职务，甚至围攻河南省委，要求改组林县县委。

林县的情况惊动了党中央，惊动了周恩来。他知道，红旗渠的事情还很多，杨贵肩头的担子还很重，要保护杨贵。

9月25日，国务院副总理谭震林的电话打到河南省委：周总理请林县杨贵同志来北京参加国庆观礼。

9月27日，相同的电话再次通知河南省委，但杨贵还是没能赴京参加国庆观礼。

1967年，安阳、林县倒林县县委之风愈演愈烈。县委的几个负责人被轮番批斗、打骂，苦不堪言。杨贵被打伤，后来被正义人士保护了起来。

一封封反对林县修建红旗渠的信函寄到了党中央，寄到了周恩来总理的手里。1967年8月8日，周总理指示河南省革命委员会筹备小组组长刘建勋："怎么能说林县是搞资本主义呢？怎么能说杨贵同志是走资派呢？你们要保护杨贵同志的人身安全……"

在周恩来的关怀下，杨贵几经磨难之后，于1968年4月在林县复出工作，任县革委会主任、县人民武装部第一政委，红旗渠支渠配套工程才得以继续展开。

1969年7月6日，红旗渠工程终于全面竣工通水。正当林县人民欢庆胜利的时候，是年9月，逆流再动，一顶顶帽子扣来，一根根棍子打来，指责林县领导班子“只抓生产不突出政治”，是“唯生产力论”。形势愈演愈烈，甚至对一部分在修建红旗渠中有贡献的领导干部、劳模、工程技术人员进行打击排斥，有的领导干部被撤职处分，有的则被免职调离林县。

这时，在河南考察工作的中国妇女解放运动卓越领导人康克清和新华社记者华山赴林县调查，如实向党中央、国务院把林县的情况、红旗渠的情况做了汇报。

为了解决河南存在的问题，包括林县的问题，1972年10月18日，中共中央政治局在京西宾馆召开了河南高层批林整风汇报会议。林县县委书记杨贵和兰考县委书记张钦礼是周恩来总理提名必须到场的与会者。出席会议的李先念一眼就看见了杨贵，拉住他的手亲切地说：“杨贵同志，康克清同志和华山同志反映你挨整的情况和写给中央的信，都给我们看了。周总理看了两遍，他们把你整得好苦啊！”长期忍辱负重的杨贵，听到中央首长的关怀，心里一阵阵温暖。

11月2日晚，周总理在京西宾馆谈及红旗渠问题时，指着河南省那位负责人问：“你为什么要整杨贵？为什么毛主席培养的干部你都要打倒呢？我听了你整他们的情况，实在难过。你说‘红旗渠’是说假话，欺骗中国人民和世界人民，是一种犯罪行为，你到过林县吗？……我们正在宣传红旗渠，各方面的反映都很好，外国人都非常赞叹，你却说‘小小的红旗渠有什么了不起’，小小的红旗渠你修了几条？”

由此，林县问题得到了解决。之后，中央又下发了经毛泽东主席圈阅“同意”的中共中央文件，彻底推翻了一些人强加给林县和红旗渠的种种莫须有的罪名。同时，根据周总理的提议，中央决定，杨贵担任中共河南省委常委、安阳地委书记及林县县委第一书记，从而极大地鼓舞了林县干部、群众建设社会主义的积极性。

1973年12月29日晚，周恩来总理在北京人民大会堂接见参加中央读书班的学员。看到杨贵后，周总理专门把他叫到身边，摇着杨贵的手，关切地问杨贵红旗渠引的是浊漳水还是清漳水。听说是浊漳水，周总理高兴地说，那红旗渠的水源就有保障了，浊漳水水源充足嘛！周总理还再次问询了林县地方病的情况。

听了周总理的话，杨贵霎时眼眶中盈满了感激的泪水。总理国事那么繁忙，还一直记挂着红旗渠，记挂着林县，连一些河流的情况还了解得那么具体。

总理的宣传，红旗渠走向世界

作为中华人民共和国的总理，周恩来把红旗渠推举为新中国的两大建设奇迹之一，热情地称之为"人工天河"，并乐此不疲地策划推介，使林县红旗渠的名字在国内国际逐渐响亮起来。

1965 年的金秋，林县作为全国 13 个大寨式先进县之一，参与了北京农业展览馆的农业先进典型图片展。10 月 30 日，周恩来和朱德等中央领导一同参观，在"林县人民重新安排林县河山"展厅，他看得格外仔细，不落下一张照片。"红旗渠修得好，真是'人工天河'！"周总理啧啧称赞，并扭头询问农展馆负责人林县有没有模型。当听说还没有，他强调说："林县红旗渠要有'沙盘'模型，要加强宣传。"听着讲解员口齿清晰地介绍红旗渠，他满意地点点头，握住讲解员的手问："讲解员同志，你到过林县没有？""没有。"讲解员面含遗憾之色。他亲切叮嘱说："我看你们要亲自到林县看看去呀！看了，才能讲得更好。"

周总理的农展馆之行，是大力宣传林县红旗渠的一个前奏。而后，根据周恩来等中央领导的指示，12 月 18 日，《人民日报》发表了介绍林县的长篇通讯《党的领导无所不在》，详尽讲述了林县人民在党的领导下，重新安排河山的业绩，同时配发了《创造更多的大寨式的先进县》的社论。社论说："林县是一面大寨式先进县的红旗。""林县像其他一些大寨式的先进县那样，为我们提供了又一个领导这一革命运动的榜样。"

1966 年的八省、市、自治区抗旱会议上，周总理作总结讲话时，语重心长地说，大家要认识抗旱的重要性，树立长期抗旱的思想。要搞水利，搞农田基本建设，积极推广先进经验。林县红旗渠经验很好，一个那样严重干旱的县，水的问题解决了，大家要重视学习林县的经验……

1971 年 7 月，中央召开全国出版工作会议上，周总理要求大家为宣传红旗渠多作努力。他深情而自豪地说："红旗渠是'人工天河'，是英雄的林县人民用两只手修成的。”为了让与会者进一步增加感性认知，他指示播放新闻电影纪录片《红旗渠》，指出：“让大家看看英雄的林县人民是怎样干的！”

周总理身体力行地介绍宣传红旗渠，极大地推动了新闻出版界对林县的宣传力度。1974 年春，在第 35 届中国出口商品交易会上展出的红旗渠图片和沙盘模型，展线长达 28 米。除大量通讯报道外，还拍摄了电影和电视片，出版了许多书籍，有些书籍还被译成外文，发行海外。

1968 年 7 月，国务院召开全国外事工作会议，周总理在会上强调要扩大红旗渠的国际影响。他指示外事工作的同志们：“第三世界国家的朋友来访，要让他们多看看红旗渠是如何发扬自力更生、艰苦奋斗精神的。”20 世纪 70 年代初，对于来访的国际友人，周总理经常自豪地介绍中国的红旗渠和南京长江大桥这两个建设奇迹，并介绍外宾到红旗渠参观。

1971 年 5 月，我国在阿尔及利亚举办中华人民共和国成立以来成就展，红旗渠建设布展其间，令世人瞩目。1974 年 4 月，在联合国大会第六届特别会议上，周总理安排放映了新闻纪录片《红旗渠》，极受欢迎，使红旗渠在国际上产生了更为广泛的影响。

二、外国友人眼中的红旗渠

1973 年，林县成为对外开放县。据《红旗渠志》记载，至 1980 年来林县参观红旗渠的外国人士达 11 300 多人，有外国党政领导人、代表团和国际知名人士，涉及五大洲 119 个国家和地区。

外国元首及各界人士亲眼看到盘绕在太行山上的红旗渠后，对林县人民自力更生、艰苦创业的精神给予了很高的评价。不少外国朋友回国后写文章，办展览，放电影，向本国人民介绍中国的红旗渠。日本桥梁专家深谷克海，从 1976 年 5 月到 1995 年先后 12 次来林县访问，每次都要看红旗渠，他说：“如果不看红旗渠，等于没有到中国。”他为红旗渠精神所感动，在日本自费放电影、印画册、写文章、作报告，宣传红旗渠精神。日本友人宫石林治参观红旗渠回国后，写了一篇 7 000 多字的通讯《人间奇迹——红旗渠》，热情赞扬林县人民的革命精神。美籍华人赵浩生参观红旗渠返美后在讲演中说:“中国有一条万里长城,红旗渠是一条水的长城,参观红旗渠,我实在忍不住自己的热泪滚滚。新中国有这种自力更生、艰苦奋斗的精神来改造林县,一定能改造全中国。”

时任几内亚总理的兰萨纳·贝阿沃吉于1972年12月14日参观红旗渠后说:“红旗渠给我们留下了深刻的印象,它的确是了不起的工程,请转达我们对林县人民的深切感情。”

越南胡志明劳动青年团中央执行委员会原书记阮玉琴于1973年3月27日至28日参观红旗渠,观看电影《红旗渠》后说:“红旗渠是伟大的工程,是林县人民用双手创造出来的奇迹。”南斯拉夫通讯社原主编奥利奇于1973年3月29日至30日参观红旗渠后说:“红旗渠是人类智慧的纪念品,我到过50多个国家,看到过很多建筑,但红旗渠对我的印象最深。”

塞内加尔新闻部代表团原团长阿萨内·斯蒂亚耶于1974年5月9日参观红旗渠后说:“中国的长城很有名,毛主席领导的二万五千里长征很有名,今天的红旗渠同样闻名世界。”加纳农业部原部长内纳斯科于1974年6月20日参观红旗渠后高兴地说:“红旗渠这样伟大的工程,不亲眼看,难以相信,亲眼看了,又很难找到恰当的语言来表达。”喀麦隆青年和体育部原部长费利克斯·托尼耶1974年6月30日至7月2日参观红旗渠后说:“喀麦隆人民如能像林县人民这样艰苦奋斗,吃饭问题就解决了。”也门民主人民共和国总统委员会原主席萨利姆·鲁巴伊·阿里于1974年11月14日到林县参观红旗渠时后激动地说:“红旗渠是林县人民创造的奇迹,表明了中国人民可以战胜任何困难和灾难。”

柬埔寨原首相宾努于1975年5月17日至19日由乌兰夫副委员长陪同参观红旗渠后说:“只有人民当了主人,才能创造人间奇迹。”莱索托原外交大臣科措科阿内于1975年5月22日至23日参观红旗渠后说:“如果让我领导修青年洞,我会说修不成,可是林县人民一年零五个月就修成了,这是伟大的工程,伟大的业绩,是意志的反映。我活了这么大年纪,还从没有看到过这样伟大的奇迹,特别是工人、农民创造的奇迹。”马达加斯加的马尔加什共和国最高革命委员会原成员若埃尔·拉科托马拉于1975年7月26日参观红旗渠后说:“只有英雄的人民,才能建成这样巨大的工程。”

土耳其革命工党原主席多乌·贝林切克于1976年1月5日至7日参观

红旗渠后，深有感触地说："林县人民修红旗渠的钟声传遍了全世界，红旗渠将永远是世界上的一面红旗。"西班牙工程学会原主席费尔南于1976年4月14日参观红旗渠时，连声称赞："红旗渠是珍宝，是历史上最稀有的工程。"加拿大保守党原议员道鲁拉斯·罗琦于1976年11月16日参观红旗渠后说："不仅中国人民应该学习，加拿大也应该学习，世界其他国家也应该这样做……应该把你们的精神传播到全世界！"

尼泊尔国家计划委员会原副主席瑞斯塔于1977年4月4日至6日参观红旗渠后说："林县人民的意志比钢铁还硬，红旗渠是人类历史上未曾见到的宏伟工程。"索马里原副总统伊斯梅尔·阿里·阿布卡尔于1977年6月24日至25日参观红旗渠后说："林县人民是改造大自然的主人，是世界人民学习的榜样，红旗渠是当代世界的奇迹。"罗马尼亚共产党中央组织部原副部长扬·卡特里内斯库于1977年10月2日至3日参观红旗渠后说："红旗渠是非常伟大的工程，体现了自力更生的精神。"

联合国水利考察组17人于1978年4月16日至17日参观红旗渠后一致称赞说："世界上任何其他国家都不会看到这种艰巨的石工建筑。"

斯里兰卡民主社会主义共和国原总统拉纳辛格·普雷马达萨于1979年8月17日参观红旗渠后说："我要多次向我国人民介绍中国人民为修建红旗渠作出的巨大努力和牺牲，以提高我国人民的自信心和自力更生精神。"马耳他国会原议员卡尔西登·阿求斯于1979年8月22日至23日参观红旗渠后高兴地说："看了红旗渠回去怎么说？想来想去，只有说，你们都去看看。"索马里共和国农业部原部长穆萨于1979年9月8日至9日参观红旗渠后说："林县的风景是美丽的，红旗渠工程是艰巨的，林县人民是伟大的，大自然的美加上人间奇迹构成了最为壮观的奇景。"

此外，林县也积极地与世界建立联系。1974年，《红旗渠》纪录片在联合国放映，在国外产生了巨大影响，林县也先后派出人员到外国交流。

2015年9月21日，2015林州国际和平艺术展暨红旗渠走进威尼斯活动在意大利威尼斯水馆·意中联合馆拉开帷幕。艺术展共分为历史的红旗渠、和平的红旗渠和文化的红旗渠三个部分。林州考察团与来自世界各地的百余名小学生一起开展了"书写和平，共唱和平"活动。

三、红旗渠精神的首次阐述

红旗渠在林县人民心中的地位重若千钧，建设红旗渠的情感已经深深地融入林县人的血脉。所以，1987 年，时任林县县委书记的杜魁兴在全县三级干部会上说“当年县委领导全县人民修建红旗渠，改变了水缺贵如油的面貌，我们有责任保护好这一伟大工程，否则就是严重失职”时，台下立刻响起雷鸣般的掌声。

1989 年，时任县委书记的赵玉贤通过认真考察红旗渠修建全过程，认为红旗渠建设中蕴藏着一种可贵的精神财富。这种精神是林县人民自己创造的，并且经受了多年实践检验，为人民所接受，对推动改革开放和社会经济发展具有重大现实意义。于是，第一次把红旗渠精神明确写进 1990 年各项奋斗目标的指导思想中。之后，通过酝酿、讨论，反复研究，明确了红旗渠精神的实质与内涵，统一了红旗渠精神的概念和提法。1990 年 3 月 20 日，作出《关于宣传、继承和发扬红旗渠精神的决定》，正式把红旗渠精神概况为“自力更生、艰苦创业、团结协作、无私奉献”。并且明确，红旗渠不仅是林县人民的光荣和骄傲，也是继承和发展中华民族优良传统的一项宝贵的精神财富。3 月 26 日，安阳市委、市政府批转了林县的文件。

1990 年 4 月 5 日是红旗渠通水 25 周年，县委、县政府为了把《宣传、继承和发扬红旗渠精神的决定》广泛深入地贯彻落实到广大人民群众中去，成为推动各项工作的动力，决定举行红旗渠通水 25 周年纪念活动。

当时，这一活动得到了上级党政领导的关怀和支持。时任全国人大常委会副委员长彭冲为红旗渠纪念碑题写碑名，时任全国人大常委会副委员长习仲勋、全国政协副主席钱正英分别题词祝贺。时任全国人大常委会副委员长陈慕华接见中共林县县委书记赵玉贤等，专门听取了红旗渠情况的汇报，对林县人民的自力更生、艰苦奋斗精神给予很高的评价。与此同时，时任水利部部长杨振怀，水利部原副部长、时任国务院三峡地区经济开发办公室主任李伯宁和原中共林县县委第一书记、国务院贫困地区经济开发领导小组办公室顾问杨贵，也分别发来贺电和贺信。3 月 31 日，中共河南省委、河南省人民政府致电中共林县县委和林县人民政府，对红旗渠和红旗渠精神给予高度赞扬，希望用红旗渠精神统一全县人民的意志，振奋精神，迎难而上，艰苦创业，开拓前进，为振兴林县经济作出新贡献。

4 月 5 日，红旗渠通水 25 周年纪念大会暨红旗渠纪念碑揭幕典礼仪式隆重举行，万名群众汇集在红旗渠分水闸前，载歌载舞，纵情欢唱。

纪念大会的当天中午，中央人民广播电台把这一消息迅速传遍祖国各地。4 月 7 日《河南日报》发表题为《红旗渠精神激励林县人民创造新的业绩》的长篇报道。从此，曾一度沉寂的红旗渠又名声大振，前来参观学习的人络绎不绝，红旗渠精神同雷锋精神、焦裕禄精神一样，重新成为激励人们前进的时代精神。

四、陈俊生撰写红旗渠考察报告

1993 年 9 月 20 日，时任中共中央办公厅主任温家宝看了河南省委作出的《关于学习林县人民创业精神的决定》的报告后，作出批示："改革和社会主义现代化建设需要弘扬艰苦创业精神，林县的经验值得重视，建议由中办和财经小组办公室作些调查研究。"[①]时任中央政治局委员、中央书记处书记丁关根 9 月 22 日已圈阅，时任国务院副总理朱镕基也阅读了这一报告。

1993 年 10 月 7 日至 10 日，时任国务委员陈俊生专程来林县考察，研究林县人民艰苦创业精神。10 月 15 日，他向中共中央、国务院写了《关于河南省林县自力更生、艰苦创业精神的调查报告》。陈俊生的调查报告分两部分，第一部分重点讲林县人民创业精神，他认为林县经验的核心就是自力更生、艰苦创业的精神。就是靠这种精神，创造出了今天的成就和业绩。林县人民创业精神的三个特点：一是把中华民族艰苦创业的美德与改革开放和社会主义现代意识结合起来；二是将物质文明和精神文明建设结合到一起，红旗渠建设和红旗渠精神就是这种结合的生动体现；三是有党的坚强领导，

① 摘编自赫建生于 2013 年 6 月 13 日发表在人民网的一篇名为《〈人民日报〉与红旗渠》的文章。

靠着广大党员干部的无私奉献。第二部分重点谈了弘扬林县精神具有四个方面的重要意义:一对于各级领导干部树立起这种精神很有意义;二对促进中西部地区经济发展很有意义;三是对东部经济发达地区也同样有重要的意义;四对树立良好的党风和社会风气有重要意义。

10月23日,时任国务院总理李鹏同志批示:“在建立社会主义市场经济的今天,中国是否需要发扬自力更生、艰苦奋斗的精神,林县人民作了很好回答。物质文明建设和精神文明建设相结合已经和必将继续产生巨大的力量,希望各地、各行各业特别是农村各级干部都能从林县的经验受到启迪。”①

11月9日,《河南日报》发表陈俊生的考察报告,并配发《大力弘扬林县人民的创业精神》的社论。随后,这一调查报告又在中共中央主办的《求是》理论杂志刊载。

1994年2月28日,在全国扶贫开发会议上,陈俊生在讲话中特别提到林县人民修建红旗渠的创业精神,他建议将中央电视台播放的有关红旗渠的相关材料,转发与会同志。这样进一步启迪了全国农村,特别是中西部地区的农村干部,纷纷有组织、有领导地前来林县进行实地参观学习,让林县人民在修建红旗渠中形成、在改革开放新时期丰富和发展的自力更生、艰苦创业精神,在神州大地弘扬光大,并世世代代传下去,为建设有中国特色的社会主义作出更大贡献。

五、办成青少年教育基地②

1995年4月14日,时任中共中央政治局常委、书记处书记的胡锦涛一行在时任林州市委书记毛万春等陪同下前往红旗渠的骨干工程青年洞视察。

下午2时30分,大家登上了青年洞的渠岸。

---

① 摘编自赫建生于2013年6月13日发表在人民网上的一篇名为《〈人民日报〉与红旗渠》的文章。

② 本节参阅魏俊彦、崔国红主编的《林州热土领袖情》(中国文化出版社)第99页《沃野上的希望》,并整理而成。

胡锦涛头戴红色头盔，身着浅蓝色夹克上衣、灰黑色西裤，脚穿黑色皮鞋，健步登上洞口渠岸，手扶栏杆，听着讲解人员介绍青年洞开凿过程：

红旗渠是20世纪60年代林州各级党组织带领群众为改变恶劣的自然条件，苦战十个春秋建成的大型引水灌溉工程。它较好地解决了林州人民的生活和生产问题。青年洞是红旗渠总干渠上的咽喉工程，位于太行山的山腰间，洞长616米，底宽6.2米，高5米，全部工程都建在坚硬的石英岩上。当时正是三年困难时期，300多名青年突击队员吃不饱就采阳桃叶等野菜、树叶充饥，晚上就宿在半山腰和附近的山洞里，经过17个月的苦战，终于在1961年7月15日凿通了大山，故此洞名为青年洞。

胡锦涛俯瞰脚下奔流的渠水，凝视蜿蜒在半山腰的红旗渠，眺望似乎摇摇欲坠的虎口崖，心潮澎湃，连声赞叹："了不起，真了不起！当年林州人民在那样困难的情况下，能把红旗渠修起来真不容易！"

他环顾李长春、毛万春等陪同人员说："在改革开放的今天，我们仍需要继续大力弘扬当年的那种修渠精神。"

李长春接过话头，向胡锦涛简要介绍了林州发展的三部曲："改革开放以来，凭借当年十万大军战太行练就的大批优秀人才，林州市各级党组织引导十万大军出太行，大力发展建筑业，到去年，全市综合经济实力已上升至全省第9位。林州人民不仅吃饱了肚子，挣回了票子，而且换了脑子，有了点子，走出了致富的路子，实现了'五子登科'！"

"噢，'五子登科'？"胡锦涛风趣地说，"有了战太行、出太行、富太行，这个'五子登科'好呀！"他转身对毛万春等说："希望你们利用青年洞等景点，办成青少年教育基地，把红旗渠精神代代传下去，谱写好建设社会主义新林州的第四部曲。"

从青年洞下来，胡锦涛一行不顾劳累，奔赴以实现"五子登科"著名的姚村镇定角村、史家河村调研。

在调研结束时，胡锦涛对史家河企业负责人王发水说："当年修渠时有你们，改革开放以来，你们又迈出了新步伐，不愧是山区建设的一面旗帜。"他对陪同人员强调说："要实现小康目标，必须坚持'两手抓'，任何时候都要发扬艰苦奋斗的精神！"

六、发扬自力更生、艰苦创业的红旗渠精神[①]

1996 年 6 月 1 日，时任中共中央总书记的江泽民来到了红旗渠，顺着渠岸走向青年洞。

听到讲解员介绍了在修渠过程中，为排除山上的险石，除险队长任羊成把绳子系在腰间，在半空中除险石，腰间磨成老茧，三颗门牙也被飞下的石块砸掉了。江泽民动情地说，任羊成了不起！并关切地询问“任羊成同志现在情况怎样”。听说任羊成还健在，下午开座谈会的时候也参加，江泽民很是高兴。

经过好汉崖时，解说员向江泽民介绍了红旗渠给林州人民生产、生活和精神上产生的深刻影响，说红旗渠不仅仅是一渠水，更是林州人民的精神之源。

江泽民回顾随行人员，意味深长地补充说：“这也是我们中华民族的精神之源。”

看到当年率领群众修渠的杨贵题写的《赠言十水》，江泽民兴致勃勃地认真阅读。

在青年洞口，听了讲解员关于当年青年突击队凿洞的艰难和事迹，江泽民连连赞叹不简单，并对随行人员说：“我们绝不能忘记过去的岁月，尤其是今天。”

在象征“红旗渠精神”的“山碑”字样的岩壁前，以青年洞为背景，江泽民还拍照留念。

下山时，江泽民还感慨：“在那样艰苦的年代，修建这么艰巨的工程，了不得。”看到四周青山绿水，树木繁茂，江泽民不禁称赞道：“这里的荒山绿化搞得不错啊！”

在红旗渠青年洞段管理处休息时，讲解员即兴给大家唱了一首红旗渠

---

① 本节参阅魏俊彦、崔国红主编的《林州热土领袖情》（中国文化出版社）第 69 页《情满太行》，并整理而成。

歌曲《定叫山河换新装》。江泽民一边听一边看歌词，显得非常高兴。他还乘兴倡议，并带头和大家唱起了那首《在太行山上》。

6 月 1 日下午，在考察了林州的乡镇企业后开座谈会前，江泽民就急切地问任羊成来了没有。

“俺来了!”任羊成赶忙恭敬地站了起来。

江泽民用手势示意任羊成坐下，然后说：“你为红旗渠建设出了力，立了功，人民是不会忘记你的！上午到青年洞参观，我在照片上看到过你，讲解员介绍了你的事迹，听说你修红旗渠时砸掉了三颗门牙，现在怎样啦?”

“砸掉的门牙已经补上了!”听着江泽民关切的话语，任羊成含着激动的泪水回答。

在总结讲话时，江泽民说，红旗渠集中体现了我们中国人艰苦奋斗的精神。过去看过《红旗渠》这部电影，但百闻不如一见……那个时候正是 20 世纪 60 年代三年困难时期，在当年那样的困难条件下，为什么能把这个渠搞出来，就是靠这种艰苦创业精神。这个精神不单单是你们林州的精神，应该说是我们中华民族艰苦奋斗的精神，这种精神是什么奇迹都能够创造出来的。我们要始终把红旗渠艰苦创业的精神保持下去。

5 时 30 分，座谈会结束了。江泽民站起来，亲切地招呼任羊成，两人走到会议室的西边，两双手紧紧地握到一起。

江泽民称赞说：“你们在 60 年代，在灾害时期，创造了红旗渠这样的奇迹，这是了不起的工程。长了中国人民的志气，辛苦了!”

任羊成激动地说：“这是 60 年代俺们的老书记杨贵与群众同甘共苦干起来的，这是共产党领导的英明，也是咱们共产党为人民应该做的工作。”

江泽民说：“你们林州市人民确实能吃苦！来，咱俩合个影。”摄影师摄下了总书记和一个普通共产党员、普通百姓紧握双手在一起的珍贵镜头。

江泽民拉着任羊成的手并肩步出会议室，一直走到车前，还关切地询问了任羊成的生活情况，并嘱咐他保重身体!

江泽民返回住地后，还让秘书通知林州市市长李庆瑞来介绍红旗渠的有关情况。

李庆瑞拿着红旗渠平面图、《红旗渠志》和《林县志》来到了江泽民的住地，把红旗渠平面图平摊在办公桌上。江泽民拿起铅笔，弯着腰认真地看着地图。李庆瑞指着地图，向江泽民讲解红旗渠的源头和流经地带，一直从山西省平顺县石城镇的侯壁断，讲到青年洞、分水岭及整个配套工程。

江泽民一边听，一边不时在地图图例下边的空白处写下：①总干渠 70.6 公里。②三条分干渠，浇地 54 万亩。③若干条文渠。④若干条斗渠。⑤若干条毛渠。⑥若干个水库。⑦蓄节为主。

听着李庆瑞的介绍，江泽民不无忧虑地说，红旗渠及其配套工程已经形成一个比较完整的体系，但红旗渠的水源在不断减少，将来如果上游搞工业，又要分流水源，红旗渠水源就更是个大问题了，一定想办法解决。

6 月 4 日，在郑州召开的河南省工作座谈会上，江泽民动情地说："这次河南之行，在林州市看了中外闻名的红旗渠。在三年困难时期，在当时的物质技术条件下，能建成这样宏伟的工程，林州人民了不起。红旗渠是自力更生、艰苦奋斗的典范，不仅给后人留下了可以浇灌几十万亩田园的水利工程，更重要的是留下了宝贵的红旗渠精神。这不仅是林州的、河南的精神财富，也是我们国家和民族的精神财富。林州发展的'三部曲'——十万大军上太行，十万大军出太行，十万大军富太行——实际上都是这种精神的体现和发展。今天，在我们现代化建设，发展社会主义市场经济的新的实践中，物质技术条件虽然比过去好多了，但自力更生、艰苦创业的红旗渠精神永远不能丢，应当在各项工作中继续发扬光大。"

江泽民还欣然为红旗渠精神挥笔题词：发扬自力更生、艰苦创业的红旗渠精神。

七、红旗渠精神的媒介传播

红旗渠是一首史诗。红旗渠从建设之日起，就成为修渠民工和文化艺术创作的一个源泉和"亮点"，受到民众、媒体、作家、艺术家们的青睐、追捧。修渠队伍里有专门的"宣传队"，中央新闻记录电影制片厂的纪录片《红旗渠》剧组在林县跟拍了 10 年，全国各大媒体都曾派记者跟踪报道红旗渠。从工地火热的修渠生活和工作中应运而生的诗歌、快板、短剧、新闻、照片等，曾经反过来激励了修渠民工的干劲和激情。

红旗渠修成之后，理所当然地成为文学和艺术创作与表现的具象题材，诗歌、歌曲、散文、戏剧、小说、纪录片、电视剧、电影、书法、绘画、雕塑、摄影、邮票、剪纸……几乎涵盖了所有艺术门类，而且层出不穷，源源不断，精彩纷呈。

修渠人的工地诗歌充满浪漫豪情，又有生活的泥土气息。纪录片《红旗渠》在联合国大会播放后，震撼了全世界，主题歌《定叫山河换新装》经久不衰。林县四中业余文艺宣传队创作的《扬鞭催马送公粮》反映了修渠带来的幸福生活。《推车歌》在民间被定为林州市市歌。《河南日报》摄影记者魏德忠拍摄的一些黑白修渠照片，成为精彩的经典瞬间。在红旗渠上负责宣传的林县作家崔复生写出了第一部有红旗渠影子的长篇小说《太行志》。著名作家唐兴顺用哲学思维审视经常漫步的红旗渠，写出了力透纸背的散文《大道在水》。15 岁就上渠去说快板搞宣传的赵会文，经常在心里回想修渠那激动人心的场景，在晚年用自己家祖传的"泥塑"手艺，不停地再现修渠的故事。喝红旗渠水长大、走出林州创业的原存香，自己创作并投资拍摄了电影《红旗渠畔的人家》。林州"非遗传承人"靳林峰用剪纸艺术"剪"出了红旗渠上的著名风景和人物……

中央电视台著名主持人张泽群于 1990 年导演的纪录片《山碑》，曾经掀起过一轮红旗渠热。2021 年，由中国教育电视台和相关机构联合制作的大型人文纪录片《重返红旗渠》，讲述了 1974 年曾经参观过红旗渠的、具有国际影响力的法国文化学者杰罗姆·克莱蒙，再度来到中国，来到红旗渠，并走访修渠人和林州的所见、所闻、所思、所想，还加入了在密歇根大学就读的河南女孩王宸博士的视角。一老一少、一中一西、过去现在，从中西融合的国际视角认识红旗渠，值得一看。

如今，一些以红旗渠为原型的电视剧、视频等现代化传播艺术越来越多，让人们对红旗渠有了更加立体化的认识。

第六章 时代强音

“新中国奇迹”红旗渠承载着一段奋斗年代的历史记忆，震撼人心，是一个值得思考、值得借鉴、值得研究的永恒话题，无论何时都可以从红旗渠上汲取智慧和力量。

红旗渠是引水工程，也像水一样“善利万物”。红旗渠精神给予青少年的营养是多方面的。红旗渠修建过程中，涌现出一大批青年先锋和英雄模范，他们勇于担当、善于作为、铁骨铮铮、冲锋在前、一心为公、无私奉献的精神，为新时代广大青少年健康成长赋予无穷能量。

红旗渠就是纪念碑，红旗渠精神同延安精神是一脉相承的。习近平总书记考察红旗渠时对年轻一代的殷殷嘱托，既语重心长又极具战略考量，寄托了对广大青少年的殷切期盼。

党的二十大报告强调，青年强，则国家强。习近平总书记在党的二十大报告中指出：“广大青年要坚定不移听党话、跟党走，怀抱梦想又脚踏实地，敢想敢为又善作善成，立志做有理想、敢担当、能吃苦、肯奋斗的新时代好青年，让青春在全面建设社会主义现代化国家的火热实践中绽放绚丽之花。”[①]

“请党放心，强国有我！”“你听，红旗渠‘誓把山河重安排’的豪迈乐章”……这些是佩戴闪耀团徽和鲜艳红领巾的朗诵者们，笔直地站在天安门广场上，代表着全国亿万青少年在中国共产党百年庆典大会上喊出的铿锵誓言。他们用响亮的声音，表达了新时代青少年对党的忠诚，展现了昂扬向上的精神风貌，代表着新时代的最强音。

---

① 选自2022年10月16日习近平总书记在党的二十大报告中对广大青年的寄语。

一、红旗渠就是纪念碑[①]

党的二十大闭幕不到一周，2022 年 10 月 28 日上午，中共中央总书记、国家主席、中央军委主席习近平来到河南安阳林州市红旗渠纪念馆。走进展馆，习近平总书记依次参观了“千年旱魔，世代抗争”“红旗引领，创造奇迹”“英雄人民，太行丰碑”“山河巨变，实现梦想”“继往开来，精神永恒”等展览内容。习近平总书记指出，红旗渠就是纪念碑，记载了林县人不认命、不服输、敢于战天斗地的英雄气概。要用红旗渠精神教育人民特别是广大青少年，社会主义是拼出来、干出来、拿命换来的，不仅过去如此，新时代也是如此。没有老一辈人拼命地干，没有他们付出的鲜血乃至生命，就没有今天的幸福生活，我们要永远铭记他们。今天，物质生活大为改善，但愚公移山、艰苦奋斗的精神不能变。红旗渠很有教育意义，大家都应该来看看。

随后，习近平总书记实地察看红旗渠分水闸运行情况，详细了解分水闸在调水、灌溉、改善生态环境等方面的重要作用。

红旗渠修建过程中，300 名青年组成突击队，经过 1 年零 5 个月的奋战，将地势险要、石质坚硬的岩壁凿通，这个输水隧洞被命名为青年洞。习近平总书记拾级而上，来到青年洞，沿步道察看红旗渠。习近平总书记强调，红旗渠精神同延安精神是一脉相承的，是中华民族不可磨灭的历史记忆，永远震撼人心。年轻一代要继承和发扬吃苦耐劳、自力更生、艰苦奋斗的精神，摒弃骄娇二气，像我们的父辈一样把青春热血镌刻在历史的丰碑上。实现第二个百年奋斗目标也就是一两代人的事，我们正逢其时、不可辜负，要作出我们这一代的贡献。红旗渠精神永在！

① 本节摘编自新华社 2022 年 10 月 28 日发表的名为《习近平在陕西延安和河南安阳考察》的文章。

二、《之江新语》谈红旗渠[①]

《之江新语》是习近平总书记创作的一部政治理论著作，辑录了习近平总书记在担任浙江省委书记期间自 2003 年 2 月至 2007 年 3 月在《浙江日报》特色专栏“之江新语”上发表的 232 篇短评。在这本书中，有两篇文章提到红旗渠。

一篇是 2004 年 11 月 26 日发表的《要甘于做铺垫之事》，文章指出：

领导干部要以正确的政绩观为指导，抓好各项工作。“功成不必在我”，要甘于做铺垫性的工作，甘于抓未成之事。

不是自己开头的不为，一定要刻上自己的政绩印记才干，这不是共产党领导干部的风格。在大局面前，在党和人民的利益面前，我们不能斤斤计较，患得患失。红旗渠、三北防护林等大工程，都是几代人一以贯之而成的。如果有个人的私心杂念，政策朝令夕改，是完成不了的。只有像接力赛一样，一任接着一任干，才能做成大事。

一篇是 2005 年 1 月 17 日的《“潜绩”与“显绩”》。习近平总书记在文中指出：“三农”工作要有作为，一定要树立正确的政绩观，多做埋头苦干的实事，不求急功近利的“显绩”，创造泽被后人的“潜绩”。

就干部如何认识“潜绩”与“显绩”，他举例说：

河南林县的红旗渠，是几代干部群众艰苦奋斗的结果……这种“潜绩”，是最大的“显绩”。

从这两篇短评中，可以看出，习近平同志认为，红旗渠不是一项短平快的形象工程，而是造福当代、泽被后世的民心工程；是几代干部和群众默默奉献、不求显达的结果。这无疑是把红旗渠作为衡量干部政绩观的一个标杆。

---

① 本节参阅魏俊彦、崔国红主编的《林州热土领袖情》（中国文化出版社）第 137 页《红旗渠精神历久弥新，永远不会过时》，并整理而成。

三、红旗渠精神永在[①]

习近平总书记对红旗渠和红旗渠精神早就有着深刻的认识，在习近平总书记的脑海里，红旗渠精神是一面旗帜，始终高高飘扬。

2011 年 3 月 7 日上午，时任中共中央政治局常委、国家副主席的习近平在参加第十一届全国人民代表大会第四次会议河南代表团审议时指出：

河南是中华民族、华夏文明的重要发祥地，自古以来中原大地孕育的风流人物灿若群星，产生的历史文化影响深远，创造了许多闻名遐迩的精神文化成果，培育了愚公移山精神、焦裕禄精神、红旗渠精神，这些革命创业精神是我们党的性质和宗旨的集中体现，历久弥新，永远不会过时。加强文化建设首先要把继承和弘扬这些革命创业精神作为凝聚人心、战胜困难、开拓前进的精神动力，不断结合新的时代特征用以滋养教育广大干部群众，为全省经济社会发展注入强大精神力量。

这段讲话表明了他对红旗渠精神发挥其时代价值的肯定和殷殷期待。

2014 年 1 月起，第二批教育实践活动在省以下各级机关及其直属单位和基层组织中开展，根据中央统一安排，习近平总书记选择了河南省兰考县作为自己的联系点。3 月 17 日至 18 日，习近平总书记莅临兰考调研指导党的群众路线教育实践活动。期间，他到焦裕禄同志纪念馆参观，同邂逅的中牟县委书记路红卫亲切交谈。他问道："河南现在一个焦裕禄精神，一个红旗渠精神，还有什么精神？"

"愚公移山精神。"陪同的时任河南省委书记郭庚茂、省长谢伏瞻等不约而同地回答。

一个多月后的 5 月 9 日至 10 日，习近平总书记再次莅临河南省考察。考察中，他强调：

① 本节参阅魏俊彦、崔国红主编的《林州热土领袖情》(中国文化出版社)第 137 页《红旗渠历久弥新，永远不会过时》，并整理而成。

河南有焦裕禄精神、红旗渠精神等优良传统和作风，还有“四议两公开”[1]工作法等一些先进经验，希望你们结合正在开展的党的群众路线教育实践活动，全面提高干部队伍建设和基层组织建设水平，为改革发展稳定提供坚强的保证。

2019年9月18日，习近平总书记在河南考察时讲话说：

鄂豫皖苏区根据地是我们党的重要建党基地，焦裕禄精神、红旗渠精神、大别山精神等都是我们党的宝贵精神财富。开展主题教育，要让广大党员、干部在接受红色教育中守初心、担使命，把革命先烈为之奋斗、为之牺牲的伟大事业奋力推向前进。

四、幸福是奋斗出来的[2]

一代人有一代人的际遇，一代青年有一代青年的使命。

2013年5月4日，习近平总书记在同各界优秀青年代表座谈时指出：

“只有进行了激情奋斗的青春，只有进行了顽强拼搏的青春，只有为人民作出了奉献的青春，才会留下充实、温暖、持久、无悔的青春回忆。”

2018年5月，北京大学燕园内的师生座谈会上，习近平总书记引用了毛泽东同志在延安庆贺模范青年大会上的讲话，寄语莘莘学子：

“幸福都是奋斗出来的，奋斗本身就是一种幸福。”

“中国的青年运动有很好的革命传统，这个传统就是‘永久奋斗’。”

“每个青年都应该珍惜这个伟大时代，做新时代的奋斗者。”

在2023年新年贺词中，习近平总书记赞颂青春、寄语青年：

“明天的中国，希望寄予青年。青年兴则国家兴，中国发展要靠广大青年挺膺担当。”

---

① “四议两公开”是由河南省南阳市邓州市率先提出的，是基层在实践中探索创造的一种行之有效的工作方法。“四议”指村党支部会提议，村“两委”会商议，党员大会审议、村民代表会议或村民会议决议；“两公开”是指决议公开、实施结果公开。

② 本节参阅人民日报2023年5月3日发表的《总书记的“青年观”》一文和新华社2023年5月4日发表的《总书记心中的新时代好青年》一文，并整理而成。

青春，应该在哪里用力？对谁用情？如何用心？

“脚踏在大地上，置身于人民群众中，会使人感到非常踏实，很有力量。”习近平总书记的肺腑之言，也恰是他用奋斗书写激昂青春的生动写照。

青年习近平担任过驻队社教干部、梁家河村党支部书记，他坦言：“7年上山下乡的艰苦生活对我的锻炼很大。”

1973年，20岁的习近平同志被委派到赵家河“蹲点”，白天，他既是宣讲文件、带头抓生产的领导，也是抄起铁锹打坝、植树的壮劳力；晚上，他是点起油灯教社员写名字的夜校老师。

在梁家河，面临吃水困难，习近平同志带领村民打井；大队镰刀、锄头等劳动工具不足，他就兴办铁业社；耕地不够，他就带大家打坝地；陆续办起来的还有缝纫社、磨坊、代销店……

“只要是村民需要的，只要是他能想到的，他都去办，而且都办得轰轰烈烈。”梁家河的村民讲，“近平不搞形式主义，而是立志办大事，要给群众做实实在在的事情。”

1987年，时任福建省厦门市副市长的习近平对刚从厦门大学毕业的青年人张宏樑这样说：“我上的是梁家河的高中、梁家河的大学。上了这个高中和大学，对老百姓才会有很深的感情。你们一定要下基层，才能培养出对老百姓的感情，才能提高自己，干出实事，做出实效。”

“禾苗在地里墩一墩，才能吃土更深、扎根更实，在风雨中抗倒伏、立得住。年轻人在基层墩一墩，把基础搞扎实了，后面的路才能走得更稳更远。”2013年全国组织工作会议上，习近平总书记语重心长地说。

“人的一生只有一次青春。现在，青春是用来奋斗的；将来，青春是用来回忆的。”

“只要青年都勇挑重担、勇克难关、勇斗风险，中国特色社会主义就能充满活力、充满后劲、充满希望。”

“青年时代，选择吃苦也就选择了收获，选择奉献也就选择了高尚。”

新时代中国青年要把基层作为最好的课堂，把实践作为最好的老师，将个人奋斗的“小目标”融入党和国家事业的“大蓝图”，将自己对中国梦的追求化作一件件身边实事，在磨砺中长才干、壮筋骨。

如今，中国特色社会主义进入新时代，中华民族迎来了从站起来、富起来到强起来的伟大飞跃，实现中华民族伟大复兴进入不可逆转的历史进程。这既是中国发展新的历史方位，同样是当代中国青年所处的时代方位。

习近平总书记多次在民族复兴的时间坐标上端详青年一代之于国家和民族的意义：

“实现中国梦是一场历史接力赛，当代青年要在实现民族复兴的赛道上奋勇争先。”

“时代总是把历史责任赋予青年。新时代的中国青年，生逢其时、重任在肩，施展才干的舞台无比广阔，实现梦想的前景无比光明。”

“我们比历史上任何一个时期都更接近中华民族伟大复兴的目标，从来没有像现在这样接近。你们年轻人，处于一个伟大的时代，有着这么伟大的目标，生逢其时，为之奋斗吧！看你们的了！”

奔赴光荣与梦想的远征，新时代青年更须在青春的赛道上奋力奔跑，用青春的能动力和创造力激荡起民族复兴的澎湃春潮，用青春的智慧和汗水打拼出一个更加美好的中国！

五、红旗渠精神代代传

从把“红旗渠”编进教材的学者处了解到，红旗渠自建成之日起就成为教育学生的鲜活课程资源。“红旗渠”第一次登上的是二十世纪六七十年代河南省省编教材，先后是“毛泽东思想政治课”“政治语文”“语文”，《红旗渠》(上、下)一文安排在高年级课本中，并于1969年至1979年使用了10年。第二次登上的是实施九年义务教育之后的河南省省编五年制小学语文课本，《人工天河》一文安排在第八册，也使用了10年。第三次登上的是河南省与人民教育出版社合作编写的全国小学语文教科书，《红旗渠》一文安排在第八册第八课，于2002年开始使用。第四次登上的是教育部审定的八年级《中国历史》教科书，该书于2018年2月第一次印刷。

1997年，红旗渠纪念馆就被中央宣传部命名为第一批全国爱国主义教育示范基地，接受了一批批来自全国各地大中小学生的参观学习。

2004年，是红旗渠总干渠通水40周年。自2004年国庆节到2005年12

月，林州市先后在北京、上海、广州、重庆、西安、郑州、香港、福州、杭州、苏州、天津、青岛、大连、沈阳14个城市进行红旗渠精神巡回展。数以万计的干部、群众接受了精神的洗礼，展览取得了巨大成功，充分证明了时代需要红旗渠精神，人民呼唤红旗渠精神。

也是在2004年，林州市第二实验小学开始了“红旗渠精神代代传”的校本探索，逐步开发了校本课程《走近红旗渠》，修建了“红旗渠精神教育馆”，开展了“讲红旗渠故事，唱红旗渠歌曲，画红旗渠图画，走千里长渠，做红旗渠精神传人，评选红旗渠成长之星”等立体全面的教育举措。林州市各级各类学校也通过各种丰富多彩的活动，包括版画、剪纸等不同的方式方法，开始探索红旗渠精神的教育和传承。

2009年，安阳市关心下一代工作委员会、教育局在林州市第二实验小学召开了“红旗渠精神进校园”现场会，把红旗渠精神教育扩展到更大的范围。

除党校系统外，河南省内的河南大学、河南师范大学、安阳工学院、安阳师范学院等高校都专门成立了红旗渠精神研究与传承机构，在学生中开展了丰富多彩的红旗渠精神教育活动。

2010年，红旗渠被命名为“第一批廉政教育基地”。

2013年8月，红旗渠干部学院成立。成为一所集精神传承、党性教育、宗旨践行为一体的党性教育特色基地。

2014年9月15日，主题展览《守望红旗渠·辉煌中国梦》在北京艺术博物馆开展。

2015年8月16日，“弘扬红旗渠精神　助推中国梦实现”课题成果报告暨林州红旗渠水资源论坛新闻发布会在北京民族文化宫举行。

2015年12月9日至13日，“问渠”——中国文联第八期全国中青年文艺人才(视觉艺术)高级研修班学员暨林州市艺术家红旗渠精神主题作品展在位于北京的中国文艺家之家开展。

2020年，红旗渠廉政教育学院建成，依托红旗渠资源，面向全国的党员干部进行红旗渠精神和廉政教育，努力打造党员干部廉政教育新高地。

2021年，党中央批准了中央宣传部梳理的第一批纳入中国共产党人精神谱系的伟大精神，其中就包含红旗渠精神。同年，红旗渠精神营地建成开班，主要面向全国各级各类学生开展红旗渠精神研学旅行课程，培养新时代奋斗的追梦人。营地开发了系列红旗渠精神体验式活动课程，让学生的红旗渠精神学习进入一个新的阶段，也成为青少年红色教育基地。

河南省于2022年11月率先出台了《关于在青少年中开展红旗渠精神教育实践活动的工作方案》，明确了“红旗渠精神进校园”的活动和要求。全国许多地方的学校也都相继开展了红旗渠精神教育与传承活动，2023年以来，青少年到红旗渠实地研学蔚然成风。

河南工业大学研究生秦晨凯花费10年时间走访修渠人，实地考察红旗渠，搜集了2000余份红旗渠珍贵史料，还在同学中组织红旗渠精神研究，在高校策划红旗渠精神展览，被媒体誉为新时代红旗渠精神传承人。他不仅帮红旗渠烈士吴祖太的母校和故乡建设了吴祖太纪念馆，还撰写了15万字的吴祖太传记；喝红旗渠水长大的张艳萍女士，她平时在上海高校、社区间繁忙奔走，向大学生和上海市民宣讲红旗渠精神。此外，还有许多非林州籍人士，到红旗渠参观后深受感动，在单位、在社区、在媒体平台上，主动承担起了宣讲红旗渠精神的义务……从他们身上，可以看到红旗渠精神对新一代的影响和教育，红旗渠精神在日益发扬光大。

参考文献

1. 本书编写组.党的二十大报告辅导读本[M].北京:人民出版社,2022.
2. 习近平.论党的青年工作[M].北京:中央文献出版社,2022.
3. 习近平.在庆祝中国共产主义青年团成立100周年大会上的讲话.北京:人民出版社,2022.
4. 毛泽东.人的正确思想是从哪里来的?[M].北京:人民出版社,1975.
5. 河南省林州市红旗渠志编纂委员会.红旗渠志[M].北京:生活·读书·新知三联书店,1995.
6. 王怀让,张冠华,董林.中国有条红旗渠[M].开封:河南大学出版社,1998.
7. 郝建生,杨增和,李永生.杨贵与红旗渠[M].北京:中央编译出版社,2004.
8. 河南省林州市水利史编纂委员会.林州水利史[M].郑州:河南人民出版社,2005.
9. 魏俊彦,崔国红.林州热土领袖情[M].北京:中国文化出版社,2015.
10. 郑雄.中国红旗渠[M].郑州:河南文艺出版社,2015.
11. 郭海林.世纪工程红旗渠[M].郑州:河南人民出版社,2016.
12. 郭青昌.人民的红旗渠[M].郑州:河南人民出版社,2019.
13. 刘建勇.红旗渠的故事:寻访修渠人[M].郑州:河南人民出版社,2021.
14. 王献青.红旗渠故事[M].郑州:郑州大学出版社,2021.
15. 吕志勇.旗帜:红旗渠最美奋斗者人物志[M].郑州:河南大学出版社,2021.

16. 杨震林. 山腰上的中国:红旗渠[M]. 北京:北京联合出版公司,2021.
17. 翟传增. 红旗渠精神:新时代大学生的传承与弘扬[M]. 北京:人民出版社,2022.
18. 郑雄. 中国红旗渠[M]. 郑州:河南文艺出版社,2015.
19. 郭双林. 进一步深化对红旗渠工程的学术性研究[J]. 当代中国史研究,2023(1):45-60.
20. 郝建生.《人民日报》与红旗渠[EB/OL].(2013-06-13)[2023-04-12]. http://media. people. com. cn/n/2013/0613/c365014-21828769. html.
21. 新华网记者. 习近平在陕西延安和河南安阳考察[EB/OL].(2022-10-29)[2023-04-02]. http://www. xinhuanet. com/photo/2022-10/29/c_1129086428. htm.
22. 姜洁,杨昊. 总书记的“青年观”[EB/OL].(2013-05-03)[2023-06-13]. http://news. cctv. com/2023/05/03/ARTIVaxUtwo4Difoctdt ABVl230503. shtml.
23. 新华社记者. 总书记心中的新时代好青年[EB/OL].(2013-05-04)[2023-06-13]. http://politics. people. com. cn/n1/2023/0504/c1001-32677641. html.

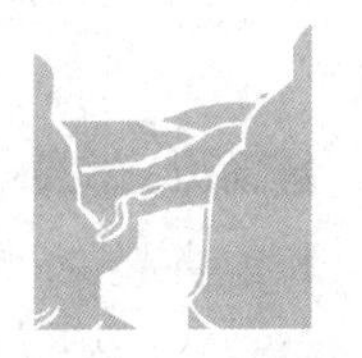

后 记

告诉青少年“中国那条红旗渠”

常河山、原绿色我们俩有着很多相同的经历、情感和认知。我们都出生在1960年代末的红旗渠畔，所在的两个山村都紧挨着红旗渠一干渠，听过父辈们劈山修渠时太行山上绵延不绝的隆隆炮声，喝着红旗渠水长大，还曾共同就读于河南名校——林县四中，后来又相继考上大学，先后走出了故乡，成为有情怀、有使命感的教育工作者。

常河山和红旗渠特等劳模常根虎一个村，他上大学后表演的第一个节目就是和林县同学一起演唱纪录片《红旗渠》主题歌《定叫山河换新装》。多少年过去了，“劈开太行山，漳河穿山来。林县人民多壮志，誓把河山重安排”的旋律一直在他的心头回响。这份特殊的情感让他对红旗渠特别上心，他先后在河南和上海知名大学工作，并担任了河南省红旗渠精神研究会理事。他发现现在大学生对“红旗渠”了解的并不多，于是在红旗渠纪念馆所在的姚村镇建立了大学生专业实践基地，每年多次组织不同学科专业领域的专家、学者和大学生往返红旗渠考察交流，在实践中弘扬红旗渠精神，讲好红旗渠故事。他熟悉的一位导游曾和他讲起，在为游客讲解林县人因缺水必须到10多里外挑水喝时，小朋友们经常会问她："他们不会买矿泉水喝吗?"这个问题引起了常河山的思考。

原绿色的父亲曾多年负责管护红旗渠，当年，原绿色到邻村上初中时，顺着红旗渠岸来来回回走了三年。上大学时，一位林县籍的老师忧心忡忡地对他说："咱们林县的孩子可不能丢了林县人吃苦耐劳修建红旗渠的好品质啊!"他第一次强烈地意识到红旗渠在精神层面的意义。所以，他回到母校(林县四中)工作时，曾带领高中生找寻红旗渠的价值。在出任林州第二实验小学校长时，他曾尝试修改小学语文教材上的课文《红旗渠》，并从新课改的视角挖掘红旗渠的教育价值，在学校建立红旗渠精神教育馆，带领老师开发《走近红旗渠》校本课程，把红旗渠精神的传承落实到课程上，开展轰轰烈烈的"培育新一代红旗渠精神传人"的教育活动。让他耿耿于怀的是，好不容易找到编写教材的专家表述了他对课文《红旗渠》的修改建议时却遗憾地发现，这篇课文从教材上消失了。所以，尽管他后来离开林州到外地工作了，还一直在呼吁，红旗渠就是一部顶天立地的"活教材"。

共同的家乡情结和教育者的情怀，悄悄地孕育着我们心头那颗传承红旗渠精神的种子。

"战太行，出太行，富太行，美太行"的林州发展四部曲，新时代"难而不惧、富而不惑、自强不已、奋斗不息"的红旗渠文化，让我们高兴地看到，祖辈战天斗地的红旗渠精神在林州党员、干部、群众身上一棒一棒接力相传，焕放光彩。家乡不断发生着翻天覆地的变化，昔日贫穷的山区县已经成为全国百强县级市，成为一个蓬勃发展的现代化宜居都市……可以说，当年林县县委《引漳入林动员令》所描绘的"北国江南"的宏伟蓝图已变为鲜活的现实。已经和太行山融为一体的红旗渠，形象、朴实、无言地解读着修渠人决策的科学和精神的伟大。

党的二十大一结束，2022年10月28日，习近平总书记考察完延安，就莅临红旗渠，并说出了重如千钧的话语："红旗渠就是纪念碑，记载了林县人不认命、不服输、敢于战天斗地的英雄气概。红旗渠很有教育意义，大家都应该来看看……"

编写本书的念头一出现，一下子便激活了我们俩心头那颗传承红旗渠精神的种子，一定要为青少年讲述这条伟大的红旗渠。写作本书的过程，我们再一次接受了红旗渠精神的洗礼。

八百里太行山北起北京，南到河南，雄伟壮美，虽然缺少了南方山系的灵秀，却是中国人的脊梁。神话传说中的“精卫填海”“女娲补天”“后羿射日”“神农百草”“愚公移山”等均密集于此，先人为民造福，不畏艰险、敢与自然抗争、勇于奉献担当的豪壮气概，是中华民族的精神写照，也是林州人红色基因的源头。据林县民俗志记载，早在五六十万年以前，林县大地就有人类劳动生息。林县人世世代代在大山里耕耘、繁衍，性格中也注入不少像“山”一样待人“实受”而不迂回，关键时刻会凭着坚韧的毅力顽强地与困难抗争的特质。林州的地理、语言和文化都极具特色。林州人在市歌《推车歌》里形象地表述：林州人生性犟，后面来的要往前面放……推车的画面直观地反映了林州人的性格，对美好生活的向往，以及林州人的乐观和豪迈。也许正是因为这“硬”“犟”秉性和浪漫情怀，才成就了神话般的红旗渠和红旗渠精神。

红旗渠的建设者，和中国人民志愿军一级战斗英雄孙占元、南下干部谷文昌、中国第一位女航天员刘洋等一样，都是林州人的杰出代表。

本书力图用原始的资料、客观的实例、教育者的视角、形象的表述，去满足青春的需要，播撒红旗渠精神的光辉。本书用史家笔法，尽量呈现原汁原味的红旗渠和修渠故事，希望能给思维活跃的青少年更大的思考和探索的空间：本书突出红旗渠建设者自强、协作、科学和创新的一面，希望帮助青少年更理性地思考，能有全面的收获和营养；唱响精神之歌，希望新时代的青少年能够和红旗渠建设者一样攻坚克难干事创业；把青春作为主体，重点讲述青年一代在修建红旗渠时的风采和贡献，希望青少年能洋溢着理想和激情，去拥抱新时代，创造新业绩，共圆中国梦！

本书在编写过程中参考了《红旗渠志》《世纪工程红旗渠》《林州热土领袖情》《人民的红旗渠》《杨贵与红旗渠》《中国有条红旗渠》《红旗渠故事》等大量书籍和《红旗渠干部学院简报》等研究资料，在红旗渠精神研究方面颇有建树的周锐常、崔国红、郭青昌、申军昌、魏俊彦、马东兴、常艳丽、元太红、管文魁、闫丽、陈广红、郭玉凤、秦晨凯、程明海等人提供了帮助和建议，李泽、路明明等协助整理资料，在此一并表示感谢！

此外，感谢中国浦东干部学院、河南省委党校、安阳市委党校、红旗渠干部学院、林州市委党校相关专家提出的批评意见。感谢《河南教育》《教育时报》等新闻媒体的鼓励和建议。感谢林州市委、市政府，林州市委组织部、宣传部的大力支持。感谢林州市委党史和地方史志研究室、红旗渠纪念馆、林州市作家协会、林州市红旗渠精神研究会的协同帮助。感谢仍健在的红旗渠劳模及建设者为本书编纂提供的口述及相关资料。感谢当时红旗渠战地记者、著名摄影师魏德忠老师提供的照片。感谢著名作家唐兴顺提供链接作品《大道在水》，感谢贾文虎、李春芳等提供链接歌曲音频。感谢丛书主编国家社科基金重大项目首席专家、中国浦东干部学院的刘昀献教授和上海交通大学出版社的陈华栋社长，一并感谢上海交通大学出版社教育分社冯愈社长、王超明编审、汤琪编辑、乔迎彤编辑。感谢上海交通大学马克思主义学院副院长周凯教授审读本书。

因时间短促，加之编者水平有限，本书未能完全呈现我们二人所有的想法，且难免存在纰漏，望广大读者不吝赐教。

常河山　原绿色

2023年5月